KB272821

엄성욱의
반려식물
이야기 1

엄성욱의
반려식물 이야기

문예춘추사

Nature is painting for us,
day by day, pictures of strength and beauty which
no human hand can reproduce.

자연은 매일 우리에게 힘과 아름다움의 그림을 그려주며,
인간의 손으로는 재현할 수 없는 그림을 그린다.

—존 러스킨John Ruskin—

CONTENTS

PART 01

**관엽식물
알아가는 시간**

PART 02

**관엽식물의
매력**

1 | 안스리움

PART 03

관엽식물 돌보는 일

'신비한 초록'은 가장 큰 삶의 위로

인간은 오래전부터 자연과 함께 살아왔다. 숲은 우리의 첫 번째 집이었고 초록은 마음을 안정시키는 본질적 배경이었다. 그러나 도시화가 가속되며 우리는 자연에서 멀어졌다. 인공지능이 일상 깊숙이 들어오자 삶의 질은 기술 속도를 따라가지 못하고 있다. 여유는 줄고 나 자신을 돌보는 일도 점점 뒤로 밀린다.

그래서 지금 우리에게는 다시 초록이 필요하다. 식물 한 그루만 있어도 공간의 공기가 부드러워지고 마음속엔 작은 쉼터가 생긴다. 새잎이 돋는 모습, 잎맥을 흐르는 초록의 결, 물을 주며 교감하는 시간은 어떤 기술로도 대신할 수 없는 위로와 쉼이다.

인공지능이 아무리 똑똑해져도 식물의 하루 변화를 대신 보여주지는 못한다. 반려식물과 함께하면 빠르게 흐르던 시간이 잠시 느려지고 스쳐 지나던 것들이 다시 마음에 머문다. 무뎌졌던 감각도 깨어난다.

반려식물은 복잡한 하루 속에서 숨을 고르게 해주는 작은 동반자다. 초록 한 그루가 전하는 자연의 리듬은 일상에 은은한 편안함을 더해주고, 우리는 어느새 조금 더 균형 잡힌 하루를 살아가고 있음을 깨닫게 된다.

　필자는 해외에서 지낸 시간이 많았다. 미국에서 2년, 중국에서 15년, 그리고 지금은 베트남에서 11년째 머물고 있다. 타지에서 살아가는 시간은 힘겹고 외로웠다. 익숙한 사람도, 편히 기댈 풍경도 없는 낯선 환경 속에서 자연스레 식물과 가까워졌다. 사실 내가 초록과 인연을 맺게 된 것은 어릴 적 생활환경 영향이 컸다. 어린 시절부터 자연이 곁에 있었기에 그때 경험한 작은 초록의 힘이 낯선 나라에서의 외로움을 견디게 해준 셈이다.

　필자의 어린 시절 집 앞 마당에는 큰 감나무가 있었다. 가을이면 그 나무에 감이 주렁주렁 열리고, 텃밭 한쪽에서는 할머니가 손수 심어 돌보시던 토란이 잎을 넓게 펼쳤다. 아버지는 어디선가 구해오신 공처럼 큰 선인장을 마당에 여러 개 들여놓고 정성껏 키우셨다. 어머니는 외항선을 타던 외삼촌이 건네준 키 큰 선인장을 애지중지 돌보셨다.

　선인장꽃이 피는 날이면 온 가족이 마당에 둘러앉아 그 신비한 광경을 바라보곤 했다. 아침이면 흔적도 없이 지는 꽃이 아쉬워 한참을 들여다보던 기억이 아직도 생생하다. 지금은 그것이 월하미인이라는 선인장꽃인 줄 알지만, 그때의 나는 그저 세상에서 가장 신기한 꽃이었다.

　중학생이 되자 그 신기함은 난초로 이어졌다. 동네 서예학원에서 처음 접한 난초의 매력에 홀려 빡빡머리 꼬마가 난초를 찾겠다며 배낭 하나 메고 산을 오르내리기 시작했다. 그러나 곧 깨달았다. 변이종 난초는 산에서 쉽게 만날 수 있는 것이 아니라는 사실을 말이다. 그래서 용돈을 모아 인근 난 전문점에서 한국춘란 변이종을 한두 촉씩 들이기 시작했다.

　하지만 애지중지 키우던 난초들도 배양 부족과 병충해로 하나둘 떠나보냈다. 그때 깨달았다. 식물과 함께하려면 먼저 배우고 이해해야 한다는 것을 말이다. 그 순간부터 난초를 지키기 위해 공부를 시작했다. 식물은 단순히 키우는 대상이 아니라 함께 사는 존재가 되었고, 내가 배움을 쌓을수록 난초는 어느새 삶의 중요한 일부가 되어 있었다.

그러다 미국에서 공부하고 다시 중국과 베트남에서 회사 생활을 이어가면서 세상에는 내가 미처 알지 못하는 식물들이 얼마나 많은지 새삼 깨닫게 되었다. 일경구화의 깊은 향기, 죽백란의 신비로운 잎, 호야가 지닌 아름다운 꽃과 달콤한 향기, 산마다 서로 다른 얼굴을 품은 야생 난초들, 그리고 나를 또 다른 세계로 이끈 수많은 관엽식물까지. 책으로만 접하던 식물들을 눈앞에서 직접 만나고 그 생생한 순간을 몸으로 겪었던 경험은 지금도 내 삶에서 가장 소중한 기억으로 남아 있다.

이렇게 수많은 식물을 만나고 함께 지내다 보니, 문득 이런 생각이 들었다.

'이 아름다운 식물의 세계를 나만 알고 있어야 할까?'

세상에는 우리가 미처 보지 못한 식물들이 정말 많다. 특히 난초과 식물의 세계는 그 다양성과 아름다움이 말로 다 표현하기 어려울 만큼 풍부하다. 작은 잎 하나에도 수십 가지 결이 숨어 있고, 같은 종이라도 빛과 바람에 따라 전혀 다른 얼굴을 보여준다. 나는 그 매력을 가까이에서 경험한 사람이기에 더 많은 사람이 이 초록의 세계를 알았으면 하는 마음이 컸다. 그래서 이 책을 쓰기로 했다.

1권에서는 관엽식물 이야기를 먼저 들려주려 한다. 내가 오래 머물렀던 곳이 관엽식물 중심지이다 보니 자연스럽게 다양한 희귀종을 가까이에서 만날 수 있었다. 식물을 좋아하고 사랑하는 마음이 너무 커서 새로운 품종이 있다는 소식만 들리면 세계 어디든 달려갔다. 7시간 넘게 차를 타고 가서 삼고초려를 한 적도 많다. 돈도 적지 않게 들었다. 하지만 그 모든 과정을 견딘 것은 투자가 아니라 세상에 하나뿐인 식물을 직접 보고 배우고 소장하고 싶은 마음 때문이었다.

팬데믹 이후 희귀 관엽식물을 즐기는 사람이 크게 늘었다. 그러나 정작 이 세계를 제대로 안내해줄 책이나 자료는 거의 없는 형편이다. 여기저기 단편적으로 올라온 영상과 글은 있지만 체계적으로 정리된 지식은 찾기 어렵다. 많은 이들이 고가의 희귀식물을 어렵게 들여오지만, 막상 병이 생기면 어디에 도움을 청해야 할지 몰라 애만 태우는 경우가 정말 많다. 제대로 코칭해 줄 전문가도 드물고 스스로 치료할 수 있는 기본 지식도 부족하다 보니 소중한 식물을 지키지 못하는 안타까운 일이 반복되고 있다.

나 역시 어린 시절부터 지금까지 식물을 키우며 수없이 겪었던 그 어려움들을 잘 알고 있다. 그래서 생각했다. 누군가는 이 세계를 처음 만나는 사람들을 위해 길을 정리해주어야 한다고 말이다. 초보자가 헤매지 않도록, 그리고 더 많은 사람이 식물과 오래 행복하게 지낼 수 있도록 말이다.

내가 오랜 시간 경험하며 배운 것들을 담아 안내하는 이 길이 누군가의 첫 반려식물을 지켜주는 든든한 시작점이 되었으면 한다. 초록 한 그루가 우리의 일상을 바꾸듯, 이 책이 여러분의 반려식물 생활에도 작은 힘이 되기를 소망한다.

2권에서는 난초과 식물을 다룰 예정이다. 춘란은 물론이고 호야, 죽백란, 일경구화, 그리고 여러 나라에서 직접 만나온 야생 난초들까지, 내가 함께 지내며 배운 이야기들을 독자들과 나누고자 한다.

식물에 대해 배우고자 하는
이들을 위한 추천의 글

제가 식물을 사랑하는 엄성욱 씨를 알게 된 것은 베트남 남부 지역에서 저와 함께 현장 조사를 수행해온 열정적인 연구자 응우옌 반 깐(Dr. Nguyen Van Canh)을 통해서였습니다.

저는 러시아에서 거주하며 연구 활동을 이어가고 있지만 베트남을 포함한 동인도차이나 지역의 식물상을 수년간 연구해왔습니다. 그중에서도 베트남 고원의 산악 열대림은 자연환경의 다양성과 장식적 가치가 뛰어난 식물종들이 놀라울 만큼 풍부한 곳으로 제 연구 여정에서 특별한 의미를 지닌 지역입니다. 현장 조사를 할 때면 보통 3~4개월을 숲에서 지내며 식물의 다양성은 물론 생물학적 특성과 생태를 깊이 관찰합니다.

어느 날 엄성욱 씨 역시 저와 같은 이유로 같은 숲을 누비고 있다는 이야기를 들었습니다. 그는 식물 전문 연구자는 아니었지만 식물을 진심으로 사랑하고 관찰하는 열정적인 애호가였습니다. 그는 희귀종을 소유하는 데 목적을 두기보다 자생지에서의 변이와 생물학적 특성 그리고 생태적 조건을 이해하는 데 더 큰 관심을 기울였습니다. 자연을 대하는 그의 방식은 꾸준한 관찰과 사진 촬영 그리고 세심한 기록입니다. 이는 오랜 시간 식물 곁에서 살아온 사람만이 가질 수 있는 진솔하고도 독창적인 태도입니다.

이처럼 엄성욱 씨가 자신이 사랑하고 직접 관찰해온 식물에 관한 책을 출간한다는 소식을 들었을 때 저는 이것이 단순히 잘 알려진 식물의 종류와 재배법을 나열한 안내서가 아닐 것임을 직감했습니다.

이 책은 아름다운 잎을 지닌 독특하고 희귀한 식물들을 기록한 유일무이한 작업의 결실입니다. 식물의 시각적 아름다움에 머무르지 않고 생육 조건과 생존 전략, 우아한 형태와 색채, 그리고 잎이 지닌 특별한 구조를 이해하도록 이끌며 자연의 아름다움을 한층 깊이 감상하게 합니다.

특히 이 책에는 엄성욱 씨가 직접 관찰하고 연구해온 식물들에 대한 독창적인 에세이가 담겨 있습니다. 그의 이야기는 희귀 식물을 이해하는 과정을 넘어 우리가 식물과 어떻게 공존할 수 있는지를 조용히 보여줍니다. 탐구하는 연구자의 시선과 식물 애호가로서의 애정이 조화를 이루는 이 책은 관상원예는 물론 사무 공간과 도시 녹지 디자인 분야에서도 매우 큰 가치를 지닙니다. 더 나아가 폭넓은 독자들에게 새로운 미적 시야를 열어줄 것입니다.

저는 이 책이 많은 독자들에게 사랑받을 것이라 확신합니다. 이 책은 식물에 대한 사랑을 더욱 깊게 하고, 우리가 살아가는 세상을 한층 더 아름답게 만드는 데 기여할 것입니다. 엄성욱 씨의 책 출간을 진심으로, 그리고 따뜻한 마음으로 축하합니다.

LEONID AVERYANOV

레오니드 V. 아베랴노프
러시아 과학아카데미 코마로프 식물연구소 표본관장
러시아 식물학회 회장
2025년 12월 24일

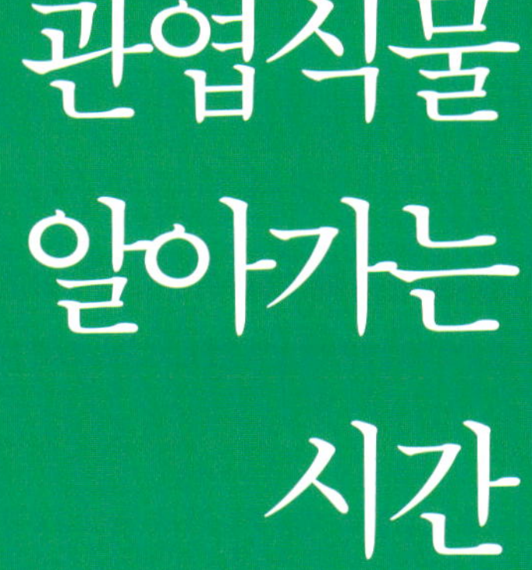

관엽식물
알아가는
시간

PART 01

관엽식물이란 무엇인가

관엽식물은 꽃보다 잎의 아름다움을 감상하기 위해 기르는 식물이다. 넓고 부드러운 잎, 미세한 결과 선, 그리고 빛에 따라 달라지는 무늬와 색의 변화가 관엽식물의 진정한 매력이다. 한 그루만 거실에 두어도 공기 흐름이 달라지고 마음속에 잔잔한 숲의 평온이 번진다.

이들은 대부분 열대와 아열대 숲속에서 자라던 식물로, 강한 햇빛보다 나뭇잎 사이로 스며드는 부드러운 빛을 좋아한다. 그래서 실내에서도 무리 없이 자라며 사람 곁에서 자연의 온기를 전한다. 대부분의 관엽식물은 천남성과(Araceae), 즉 아로이드(Aroid) 계열에 속한다.

관엽식물은 단순한 인테리어 소품이 아니다. 바쁜 일상에서도 초록빛 잎을 바라보는 순간 마음이 차분해지고 생각이 맑아진다. 잎의 결 하나, 색의 농담 하나가 우리에게 자연의 언어를 들려준다.

관엽식물의 큰 가족, 아로이드

아로이드는 식물학적으로 천남성과에 속한 식물들을 일컫는 말로, 전 세계 열대와 아열대 지역에 널리 분포한다. 라틴어 아라세아이(Araceae)에서 유래했으며, 해외에서는 친근하게 아로이드(Aroid)라 부른다.

이 계열에는 몬스테라, 필로덴드론(타우마토플럼 포함), 안스리움, 알로카시아, 라피도포라, 칼라디움, 콜로카시아 등 우리가 익숙하게 만나는 관엽식물들이 속한다.

아로이드 식물의 매력은 단연 잎에 있다. 어떤 잎은 바람이 스칠 틈을 남긴 듯 구멍이 나 있고, 또 어떤 잎은 벨벳처럼 부드럽거나 짙은 녹색 위에 흰색 결이 흐른다. 그 형태와 질감, 선의 조화가 만들어내는 풍경은 그 자체로 하나의 예술이다. 덩굴처럼 뻗는 것도, 직립하여 곧게 자라는 것도, 물 위를 유영하듯 피어나는 것도 모두 아로이드가 보여주는 생명의 다양한 모습이다.

《 관엽식물은 어디에서 왔을까 》

관엽식물 고향은 숲이다. 나무들이 머리를 맞대고 하늘을 가린 그늘에 부드럽게 스며드는 빛과 따뜻한 공기, 촉촉한 흙이 이들이 태어난 자리였다. 대부분은 아시아의 열대우림, 아프리카와 남미의 정글 같은 습한 지역에서 자라왔다.

인간 눈에는 그저 초록으로만 보이지만, 그 속에는 빛 한 줄기를 두고 펼쳐지는 치열한 생존 세계가 있었다. 나뭇잎 사이로 떨어지는 약한 빛을 붙잡기 위해 잎은 더 넓어졌다. 질감과 무늬는 강한 빛으로부터 스스로를 보호하기 위한 진화의 흔적이다. 오늘 우리가 집에서 만나는 몬스테라의 구멍 난 잎, 필로덴드론의 결, 안스리움의 광택은 모두 그 숲의 기억을 품고 있다.

관엽식물이 인간 삶에 들어온 것은 대항해 시대다. 탐험가들은 낯선 땅에서 가져온 큰잎 식물을 왕실과 귀족에게 바쳤다. 유럽에서는 곧 그린 피버(Green Fever)라 불리는 수집 열풍이 일어났다. 귀족들은 희귀식물을 지키기 위해 유리온실을 만들었고, 그때부터 관엽식물은 자연을 넘어 실내에서 인간과 함께하는 작은 숲이 되었다.

도시화가 되면서 사람들은 자연에서 멀어졌지만, 자연을 향한 마음만은 사라지지 않았다. 코로나 팬데믹으로 집에 머무는 시간이 길어지자 사람들은 본능처럼 초록을 찾았다. 특히 MZ세대는 자신의 방 한편에서 큰잎의 관엽식물을 키우며 불안한 시기를 견뎌냈다. 잎을 바라보고 물을 주는 작은 일상이 마음을 달래주었고 그 초록은 위로가 되었다. 이 시기를 계기로 관엽식물에 대한 관심이 폭발적으로 높아졌다. 덩달아 국내 시장도 빠르게 성장했다.

지금 우리 거실에 놓인 관엽식물들은 모두 먼 숲에서 온 존재들이다. 은은한 빛과 적당한 온도, 숨 쉬는 흙만 있으면 그들은 고향 기억을 되살리며 새 잎을 펼친다. 관엽식물은 자연의 시간을 품은 채 문명 사이에 사는 우리를 다시 숲의 리듬과 연결해준다. 멀리 있는 열대우림의 초록이 오늘 우리의 집 안에서 조용히 살아 숨 쉬는 것이다.

초록이 주는 치유의 힘

현대인은 휴식과 위로, 평안함과 안정을 위해 숲을 찾는다. 도심 한가운데에 공원을 조성하고 빽빽한 건물 사이에 나무 한 그루를 심는다. 왜일까. 우리는 잘 알지 못하지만, 아주 오래전부터 숲은 인간에게 가장 안전한 피난처였다. 맹수를 피해 몸을 숨기고 하루하루 생존을 이어가던 시절, 숲은 곧 안전이자 회복의 공간이었다. 그 본능이 오늘날에도 여전히 우리 안에서 작동하고 있다.

학자들은 오래전부터 초록이 인간의 마음을 치유한다는 사실을 밝혀왔다. 1984년, 〈사이언스 저널〉에 실린 한 연구에서는 병실 창문 밖으로 나무를 보던 환자들이 벽만 보던 환자보다 빠르게 회복하고 통증을 덜 느꼈다는 결과가 보고되었다. 식물을 바라보는 것만으로도 몸의 회복력과 정서적 안정이 높아진 것이다.

일본의 여러 연구팀이 진행한 실험에서도 비슷한 결과가 나타났다. 숲속을 15분 정도 거닌 사람들은 도심을 걸은 사람들보다 스트레스 호르몬 수치가 눈에 띄게 낮았고 맥박과 혈압이 안정되었다. 나무 향기와 잎의 흔들림, 바람 소리가 부교감신경을 자극해 몸과 마음을 이완시킨 덕분이다.

흥미로운 점은 자연 속에 직접 있지 않아도 같은 효과가 나타난다는 것이다. 창밖으로 나무가 보이거나 화면 속 초록빛 이미지만 바라봐도 사람의 집중력과 기분이 향상된다는 연구들이 잇따랐다. 인간은 본능적으로 자연의

색과 형태에 끌리며, 특히 초록빛엔 시각적 안정감을 주는 가장 편안한 파장
이 있다. 그래서 우리는 본능적으로 초록을 보면 마음이 누그러지고 몸의 긴
장도 함께 풀린다.

　관엽식물이 주는 힘은 단순히 공간을 꾸미는 데서 오지 않는다. 그 잎을
바라보는 순간, 우리 몸은 이미 회복을 시작한다. 엽맥을 따라 흐르는 초록
의 결이 심박수를 낮추고 호흡을 고르게 만든다.

　도시 소음 속에서도 우리는 식물 한 그루를 통해 삶의 리듬을 되찾는다.
관엽식물은 자연을 대신하는 존재이자 바쁜 현대인이 잃어버린 평온을 되
돌려주는 가장 가까운 치유의 손길이다.

관엽 식물의 매력

PART 02

초록을 읽는 법

관엽식물의 매력은 단순히 예쁜 잎에서 끝나지 않는다. 초록을 바라보는 눈이 생기면 잎 한 장에서도 숲의 시간과 생명의 흔적이 보이기 시작한다. 잎의 넓이, 윤기, 엽맥의 흐름은 식물이 어떤 빛과 온도, 습도 속에서 자라왔는지를 보여주는 기록이다. 새잎이 부드럽게 올라오면 건강하다는 신호이고, 잎끝이 타거나 갈변하면 강한 빛이 부담스럽다는 메시지다. 이렇게 식물이 보내는 신호를 읽기 시작하면 초록은 단순한 인테리어가 아니라 하나의 생명으로 느껴진다.

초록을 감상하는 출발점은 가격표가 아니라 내 눈이 얼마나 기뻐하는가이다. 작은 선반 위라도 내가 돌본 식물이 자리하면 그 자체로 충분한 위로가 된다. 좋은 식물은 모양만 예쁜 것이 아니라 잎과 잎 사이 간격이 일정하고, 줄기가 늘어지지 않으며, 표면에 은은한 윤기가 흐른다. 정성이 시간이 되어 잎에 남아 있는 것이다.

희귀종이라면 작은 유묘에서도 고유한 무늬와 색이 드러난다. 새잎이 나며 무늬가 안정되는 과정 자체가 감상의 즐거움이 된다. 시장이 성숙해진 지금은 얼마인가보다 어떻게 가꿨느냐가 더 큰 가치가 되었다. 초대형 잎을 선호하던 시기를 지나 일상에 자연스럽게 스며드는 중형 잎이 새로운 기준으로 자리 잡는 것도 같은 흐름이다.

관엽식물을 감상하는 핵심은 완벽함이 아니다. 내가 보낸 시간이 잎에 남아 있는가, 그리고 그 초록이 나를 얼마나 환하게 하는가이다. 초록을 읽는 눈을 갖게 되면 그 순간부터 식물이 주는 진짜 매력에 빠지게 된다.

나에게 맞는 초록을 만나는 법

관엽식물을 고를 때 가장 중요한 기준은 내 생활환경에서 건강하게 자랄 수 있는가이다. 대부분의 관엽식물은 천남성과 계열로 따뜻한 온도와 은은한 빛, 적당한 습도를 좋아한다. 자연에서는 숲속 그늘에서 자라므로 빛이 부족한 집이라면 몬스테라·필로덴드론·신댑서스처럼 적응력이 좋은 식물이 맞다. 습도가 낮다면 안스리움이나 알로카시아처럼 습도를 필요로 하는 식물은 스트레스받기 쉽다. 공간도 중요한 기준이다. 좁은 공간이라면 작은 잎이나 늘어뜨려 키우는 식물이 좋다. 넓은 거실이라면 존재감 있는 대형 잎도 잘 어울린다.

무엇보다 오래 바라보아도 질리지 않을 잎인가를 스스로에게 물어야 한다. 진한 녹색에서 안정감을 느끼는 사람도 있고, 화려한 무늬에서 에너지를 얻는 사람도 있으니 말이다. 무엇보다 건강한 식물을 들이는 것도 필요하다. 아무리 보기 좋아도 시들시들 시름하고 있으면 마음이 아프니 말이다. 무늬종을 고를 때는 무늬가 여러 잎에 고르게 나타나는지, 새잎에도 이어지는지 살피면 실패가 적다. 무늬와 녹색 비율이 3:7 또는 4:6 정도일 때 가장 안정적으로 자란다는 것도 기억해두면 좋다.

식물을 들인다는 것은 한 생명을 내 공간에 맞아들이는 일이다. 나의 리듬과 마음에 잘 스머드는 초록을 고른다면 그 식물은 결국 당신 삶에서 가장 오래가는 위로가 되어줄 것이다.

이제 나의 취향과 환경에 맞는 식물이 무엇인지 대표적인 관엽식물들을 통해 하나씩 살펴보자.

대표 품종으로 만나보는 희귀 관엽식물의 세계

Plant 1
안스리움 Anthurium

안스리움은 중남미의 서늘하고 습하지만 물이 고이지 않는 고원지대에서 자란다. 600여 종이 자생하지만 원예적으로 재배되는 종은 일부이며, 많은 품종이 교배를 통해 새롭게 만들어졌다.

안스리움 하면 붉고 선명한 꽃을 떠올린다. 하지만 식물 애호가들에게는 꽃보다 잎이 아름다운 식물로 더 잘 알려져 있다. 깊은 질감을 지닌 잎, 물결처럼 흐르는 잎맥, 그리고 고급스러운 수형은 어떤 공간에도 세련된 분위기를 더해준다.

한동안 몬스테라와 필로덴드론의 인기에 가려졌지만, 최근에는 안스리움 특유의 우아한 잎과 세련된 조형미가 다시 주목받고 있다. 공간을 많이 차지하지 않으면서도 품격 있는 분위기를 만들어주고 관리도 까다롭지 않아 실내에서 기르기 좋은 식물이다. 이러한 매력 덕분에 안스리움은 현대인의 감성과 취향을 담아내는 새로운 대표 관엽식물로 자리 잡고 있다.

나만의 안스리움 | 최신 DIY 하이브리드

안스리움이 최근 다시 주목받는 또 하나의 이유는 DIY 하이브리드 매력 때문이다. 실내에서도 비교적 쉽게 이종 교배가 가능해 배양가가 직접 새로운 무늬나 수형을 지닌 개체를 만들어낼 수 있다. 이러한 창작의 즐거움은 취미 애호가들 욕구를 자극하며 전 세계적으로 안스리움 배양 인구를 빠르게 늘리고 있다.

안스리움 파필리라미눔 무늬종 × 럭셔리안스 교배종
Anthurium Papillilaminum Variegated x Luxurians

안스리움 안톨라카이 BVEP '라운드 × 펠릭스' S1 무늬종
Anthurium Antolakii BVEP 'Round x Felix' S1 Variegated

안스리움 파필리라미넘 바리에가타 × 구나얄라
Anthurium Papillilaminum Variegated
x Guna Yala

안스리움 파필리라미넘 바리에가타 × 칼라블래키
Anthurium Papillilaminum Variegated
x Carlablackie

안스리움 미셸 바리에가타
Anthurium Michelle
Variegated

안스리움 파필리라미넘 바리에가타 × 파필리라미넘 '랄프 라이넘'
Anthurium Papillilaminum Variegated x Papillilaminum 'Ralph Lynam'

안스리움 닥블록 × 레드 베인 다크 피닉스
Anthurium DocBlock x Red Vein Dark Phoenix

안스리움 네크로맨서 × 드림위버
Anthurium Necromancer x Dreamweaver

파필리라미넘 '랄프 라이넘' × '포트 셔먼'(JV 교배종)
Papillilaminum 'Ralph Lynam' x 'Ft.Sherman'
from JV

안스리움 '미셸 롱 × 자라' S1 무늬종
Anthurium 'Michelle Long x Zara' S1 Variegated

안스리움 다크 앤 핸섬 × 레드 벨벳 케이크 교배종
Anthurium Dark & Handsome x Red Velvet Cake

위 / 안스리움 포르게티아이 var.
Anthurium forgetii var.

아래 / 베트남 관엽 애호가 딘한(Dinh Han)과 함께 클라리네르비움은 짙은 초록 잎 위로 하얀 엽맥이 선명하게 드러나는 안스리움의 대표 품종이다. 새잎이 나올 때 붉거나 분홍빛 보호색을 띠며 자라는 모습이 아름다워 잎의 색 변화를 감상하는 문화가 생겼다.

배양 중 자연 발생한 무늬종이 선별·증식되며 클라리네르비움 var.가 탄생했다. 하지만 무늬 유지율이 낮아 희소성이 높다. 공중 습도가 낮으면 성장이 느려지고 줄기만 굵어지므로 적절한 습도 유지가 중요하다.

클라리네르비움 var.

　포르게티아이는 안스리움 특유의 심장 모양 잎을 지녔지만 윗부분이 오목하게 파이지 않고 자연스럽게 이어져 독특한 형태를 띠는 품종이다. 화려하진 않지만 하이브리드 안스리움의 기본 종으로 자주 활용된다. 초보자에게도 부담 없이 키울 수 있는 입문용 식물로 사랑받는다. 배양이 쉬운 편이며 충분한 습도만 유지해주면 은은한 광택과 벨벳 같은 질감을 감상하기에 더없이 좋은 품종이다.

포르게티아이 유묘부터 성묘까지

메그니피쿰은 남미 열대우림이 고향인 안스리움 원종으로, 이름 그대로 웅장함을 상징하는 품종이다. 실제로 키워보면 잎이 40cm 이상 자라며 잘 배양하면 60cm를 넘기기도 한다. 잎자루까지 포함해 1m가 훌쩍 넘는다. 그 크기와 형태에서 묵직하고 남성적인 매력이 느껴진다. 짙은 초록빛 원종 외에도 자연 상태에서 선별된 밝은 녹색의 변이종 메그니피쿰 베르데가 있다.

필자는 두 품종 모두 배양해보았는데 크기와 생육 특성은 같고 잎의 색만 다르다. 웅장한 잎과 강한 존재감을 지닌 메그니피쿰은 대형 안스리움을 선호하는 배양가에게 특히 추천할 만한 품종이다.

메그니피쿰 베르데

파필리라미넘 Anthurium Papillilaminum

　파필리라미넘은 파나마를 비롯한 중앙아메리카 원산의 안스리움 원종으로, 잎 표면의 고운 벨벳 질감 덕분에 벨벳의 여왕 혹은 작은 여왕이라 불린다. 하트 모양의 잎과 짙은 초록, 붉은빛, 그리고 흰색·노란색 무늬가 어우러진 모습이 매력적이다.

　최근 이 종의 무늬 개체가 다양한 안스리움과 교배되면서 안스리움 르네상스를 이끌고 있다. 베트남에서도 배양가들이 자신만의 하이브리드 품종을 만들어 브랜드화하고 있다.

　배양은 비교적 쉽다. 습도가 높을수록 건강하게 자라며, 주 1회 정도 물을 주면 충분하다. 키가 크게 자라지 않아 실내에서도 부담 없이 즐길 수 있다. 잎은 최대 40cm까지 자라 대형 잎의 존재감을 느끼기에 충분하다.

파필리라미넘 원종

검은색 변이종

무늬종

남미가 원산지인 안스리움 원종으로 최근 다양한 하이브리드 무늬종의 기반이 된 품종이다. 새잎이 전개될 때 붉은빛 엽맥이 드러나며 시간이 지나면서 짙은 초록으로 변하는 색의 변화가 매력적이다. 실내 환경이 적절하면 잎이 약 60cm까지 자라며, 윤기가 흐르는 잎 표면이 늘 고급스럽고 생동감 있는 인상을 준다.

챔벌레이니아이 대품

웬들링게리 Anthurium Wendlingeri

웬들링게리는 나선형의 독특한 꽃이 매력적인 착생형 안스리움이다. 대부분의 안스리움이 향이 없지만, 이 품종은 은은한 향을 지니며 나무나 바위에 뿌리를 붙여 자란다. 잎은 길게 늘어져 최대 1m에 이르며, 한때 안스리움 마니아들이 꼭 한번 키워보고 싶어 하던 인기 품종이다.

배양 시에는 배수가 잘되고 수분을 머금은 수태와 바크 혼합토를 사용하는 것이 좋다. 뿌리보다 공기 중 습도를 통해 수분을 흡수하므로 식물 캐비닛에서의 관리가 이상적이다.

웬들링게리 대품   웬들링게리의 나선형 꽃

드라코노페룸

남미가 원산지인 안스리움 원종으로, 잎 모양이 용의 머리를 닮아 드라코라는 이름이 붙었다. 시중에 개체 수가 적어 희귀종으로 꼽히며, 독특한 수형 덕분에 하이브리드로 오해받기도 하지만 순수한 원종이다. 자연 상태에서는 잎이 50~60cm까지 자라며 지생과 착생의 중간 환경을 좋아해 실내 배양 시 관리가 까다롭다. 필자는 배수가 좋은 소나무 바크 배양토에 심어 건강하게 길렀다.

나무줄기에 붙어 자라는 착생형 안스리움이다. 중미의 고산 밀림 지대가 자생지이며, 배양 환경이 좋으면 잎이 40~50cm까지 성장한다. 실내에서는 충분한 습도 유지를 위해 식물 캐비닛 배양이 적합하다. 일반 배양토보다는 수태나 수태와 바크를 섞은 배양토를 사용하는 것이 좋다. 이렇게 심어야 뿌리 썩음 없이 건강하게 자란다.

트룬시콜라

크리스탈리눔 Anthurium Crystallinum

크리스탈리눔은 짙은 녹색 잎 위로 하얗거나 연녹색 엽맥이 선명하게 드러나는 안스리움의 대표 고전 품종이다. 벨벳 같은 질감 위에 빛이 비치는 듯한 엽맥의 대비가 특징으로 잎 자체가 하나의 예술 작품처럼 느껴진다.

최근에는 엽맥의 색과 신엽의 붉은 보호색, 무늬 차이에 따라 다양한 변이종이 선별·보급되며 새로운 안스리움 붐을 이끌고 있다. 변이 개체 중 배양가 이름을 딴 브랜드 품종이 고가로 거래되기도 한다.

크리스탈리눔은 배양은 쉽지만 공중 습도

가 너무 낮으면 잎의 윤기와 생기가 줄어드니 적절한 습도 유지는 필수다. 실내에서는 30~50cm, 좋은 환경에서는 60cm까지 자란다.

크리스탈리눔 오레아 무늬종

크리스탈리눔 오렌지 무늬종

비타리폴리움은 길고 가늘게 늘어지는 잎이 우아한 인상을 주는 안스리움이다. 짙은 녹색의 무늬 없는 기본형도 아름답지만, 최근에는 씨앗에서 자연 변이로 생긴 무늬종 비타리폴리움 var.가 등장해 새롭게 주목받고 있다.

배양이 쉬운 편이지만 과한 습도에는 약하므로 물을 자주 주기보다 공중 습도를 높이는 관리가 필요하다. 습도가 낮으면 잎이 짧아질 수 있어 최소 60% 이상을 유지하는 것이 좋다. 실내에서는 식물 캐비닛 배양이 적합하며, 씨앗에서 다시 무늬가 발현될 확률이 약 20%로 높아 직접 종자를 받아 기르는 재미도 크다.

비타리폴리움 무늬종

럭셔리언스 Anthurium Luxurians

럭셔리언스는 무늬종 하이브리드가 등장하기 전까지 안스리움 엽예품의 왕좌를 지켜온 대표 품종이다. 거의 검게 보일 만큼 짙은 초록빛 잎에는 깊고 규칙적인 주름이 잡혀 있어 정교하게 조각된 가죽 패턴처럼 묵직한 존재감을 드러낸다. 이 독특한 형태 덕분에 안스리움 애호가뿐 아니라 관엽식물 마니아라면 한 번쯤 길러보고 싶어 하는 품종으로 오랫동안 사랑받아왔다. 최근 하이브리딩으로 무늬가 들어간 럭셔리언스가 등장하며 주목받고 있으나 정확한 계통은 아직 밝혀지지 않았다.

생육은 비교적 안정적이지만 공중 습도가 낮으면 잎의 주름이 덜 형성되거나 성장이 멈출 수 있다. 충분한 습도를 유지할 때 비로소 럭셔리언스 특유의 깊이 있는 질감과 품격이 드러난다.

베이치아이 Anthurium Veitchii

베이치아이는 킹 안스리움으로 불린다. 퀸 안스리움이라 불리는 와로퀘 아눔과 함께 애호가들이 꼭 한번 길러보고 싶어 하는 대표 품종이다. 잎이 자랄수록 표면에 물결처럼 깊고 조밀한 주름이 생기는데, 그 독특한 질감이 베이치아이만의 위엄과 아름다움을 완성한다.

살충제와 살균제에 매우 민감하므로 주의가 필요하다. 총채벌레나 응애

가 생기면 물이나 손으로 제거하고 새잎이 단단해진 뒤에 약제를 사용하는 것이 좋다. 어린잎에 약제를 쓰면 생장이 멈추거나 기형이 될 수 있다. 고산지대 환경에서는 1m 가까이 자라며, 실내에서도 습도 70% 이상만 유지하면 잎이 50cm 이상 길게 자라 웅장한 대품으로 키울 수 있다.

베이치아이

와로퀘아눔 Anthurium Warocqueanum

이 품종은 퀸 안스리움이라 불린다. 킹 안스리움인 베이치아이와 함께 커플로 즐겨 키우는 대표 품종이다. 짙은 청록빛 잎에 벨벳 같은 질감, 선명한 흰 엽맥이 어우러져 고급스럽고 우아한 인상을 준다. 잎의 바탕색에 따라 녹색형과 진청형으로 나뉘며, 특히 검은빛이 감도는 진청형이 최고급으로 평가된다.

습도에 민감해 70~80%의 높은 습도를 유지해야 벨벳 질감과 색감을 온전히 살릴 수 있다. 반대로 습도가 낮으면 잎 가장자리가 마르거나 움푹 팰 수 있다.

와로퀘아눔

젬마니 var. Anthurium Jenmanii var.

젬마니 바리에가타는 아직 국내에 잘 알려지지 않은 희귀 품종이다. 대부분의 안스리움이 하트형이나 삼각형 잎을 지닌 것과 달리 이 품종은 둥근 타원형 잎을 가지고 있어 한눈에 시선을 끈다.

특히 여러 개체 중에서도 잎이 더욱 둥글고 풍성한 형태를 띠는 개체가 선별되어 라운드 폼으로 개량되었다. 여기에 무늬가 더해진 바리에가타(var.) 품종이 등장하면서 안스리움 마니아들 사이에서 새롭게 주목받고 있다.

젬마니

킹 오브 스페이드 Anthurium king of Spades

2020년 무렵부터 안스리움 애호가들 사이에서 인기를 얻은 하이브리드 품종이다. 메그니피쿰과 크리스탈리눔의 교배종이다. 두 품종의 장점을 고루 지녀 짙은 녹색 바탕에 은빛 엽맥이 선명하게 대비되며, 벨벳 같은 질감과 빛에 따라 반사되는 은분의 광택이 매력적이다. 최근에는 무늬종이 선별되어 고가에 거래되고 있으며, 이를 기반으로 새로운 하이브리드 품종들이 잇달아 탄생하고 있다.

킹 오브 스페이드

　잎끝이 두 손을 맞잡은 듯 오목하게 말려 있는 독특한 형태가 매력적인 품종이다. 배양 중 선별된 무늬종은 매우 희귀해 이 식물을 보유한 것만으로도 애호가 수준을 보여준다고 할 만큼 가치가 높다.

　중미 지역에 자생하는 원종으로, 지생과 착생의 중간 형태로 자라기 때문에 배양토 선택이 중요하다. 필자는 공중에 노출된 뿌리 특성을 고려해 관주보다는 엽면시비를 중심으로 관리했는데, 이 방식이 훨씬 건강한 생육을 보였다. 현재 무늬종 브라우니는 한정된 마니아들 사이에서 거래되는 인기 희귀종이다.

브라우니 무늬종

테로드랙틸은 이름처럼 고대 익룡의 날개를 닮은 독특한 잎 모양이 특징이다. 'P'는 묵음으로 발음하지 않으며 이름과 형태가 완벽히 어울리는 하이브리드 안스리움이다. 지생성 품종으로 배수가 좋은 일반 배양토에서도 잘 자라며 공중 습도에 크게 민감하지 않아 관리가 쉽다. 동남아에서는 비교적 쉽게 구할 수 있지만 한국에서는 여전히 희귀하다. 실내에서는 잎이 40~50cm까지 자라며 생육이 튼튼하고 병에 강한 품종이다.

테로드랙틸 무늬종

　손바닥이나 불가사리를 연상시키는 독특한 잎 형태를 가진 안스리움이다. 줄기가 굵어지는 일반 안스리움과 달리 길게 뻗으며 지지대 중간에 뿌리를 내리는 등반형 성질을 지닌다.

　원종 자체도 희귀하지만 최근에는 무늬가 들어간 변이종이 선별되어 소수 마니아 사이에서 배양되고 있다. 생육은 비교적 강한 편이나 벨벳 질감이 없는 두꺼운 잎 구조 탓에 탄저병이나 잎마름병에 다소 취약하다. 따라서 꾸준한 살균 관리와 예방 차원의 약제사용이 필요한 품종이다.

클라비게룸

멕시코와 중미 고원이 원산지인 안스리움 원종으로, 손가락 모양의 잎 형태 덕분에 핑거 안스리움이라 불린다. 독특한 잎 수형으로 오래전부터 애호가들 사랑을 받아온 품종이다.

실내에서는 습도 조절 없이도 잎이 40cm 정도 자라며, 습도를 높이면 60cm까지 성장한다. 자연 상태에서는 최대 80cm까지 자라 거대한 손바닥을 연상시킨다. 최근에는 노란빛 오레아 무늬가 들어간 변이종이 선별되어 소수 마니아 사이에서 거래되고 있다.

관리 포인트

안스리움 배양의 핵심은 꾸준한 습도 유지다. 대부분의 품종은 약 70% 전후 습도를 유지해야 건강하게 자란다. 시중의 식물 캐비닛을 활용하면 쾌적한 환경을 유지하면서도 고유한 안스리움 잎의 아름다움을 충분히 감상할 수 있다.

희귀 안스리움 중에는 지생과 착생의 중간 형태를 지닌 품종이 많다. 따라서 물을 너무 자주 주기보다는 관주 후 물이 즉시 빠져나가도록 배수 관리를 철저히 해야 한다. 일반 배양토보다는 수태 또는 수태와 바크의 혼합토가 적합하다.

온도는 20~28도가 이상적이며 30도를 넘으면 생장이 멈추거나 잎이 손상될 수 있다. 여름철에는 에어컨을 활용해 온도를 조절하는 것이 좋다. 사람이 쾌적하게 느끼는 환경이 안스리움에게도 가장 좋은 조건이다.

비료 관리

월 2회 액비 2,000:1 관주 / 엽면시비 주 1회 2,000:1

안스리움은 뿌리보다 잎을 통해 비료를 흡수하는 비율이 훨씬 높으므로 관주를 통한 시비는 주의가 필요하다. 비료 농도가 높으면 뿌리 썩음이나 녹음 현상이 생길 수 있으므로 묽게 희석한 비료를 한 달에 한 번 정도만 관주하는 것이 적당하다.

병충해 관리

탄저병 예방 델란 월 1회 1,000:1 엽면 도포 / 비오킬 월 1회 1:1 희석 살포

알로카시아Alocasia

알로카시아는 몬스테라·필로덴드론·안스리움과 함께 4대 아로이드 (Aroid) 식물로 불린다. 하지만 콜로카시아·칼라디움과 달리 성장하면서 지상 줄기가 단단히 목질화되는 특징이 있다.

흥미롭게도 알로카시아는 전 세계적으로 사랑받는 중소형 무늬종 상당수가 한국 마니아들의 하이브리딩을 통해 탄생했다. 최근에는 동남아 딜러들이 한국산 변이종을 수입해 유럽과 미주로 역수출할 만큼 그 가치를 인정받고 있다.

알로카시아는 무덥지 않은 선선한 음지에서 잘 자란다. 가장 활발한 생육 온도는 25~28도이다. 30도 이상 또는 20도 이하에서는 성장이 둔해지고 줄기 무름병이 생기기 쉽다.

사리안 var. Alocasia Sarian var.

사리안은 동남아시아에서 알로카시아의 절대 반지라 불리던 전설적 품종이다. 당시 사리안 알보 변이종은 한 그루만 있어도 원하는 무늬 알로카시아와 교환할 수 있을 만큼 희귀했다. 사리안은 포토라 var., 세렌디피티var., 드래곤 스케일 var.와 함께 알로카시아 4대 천왕으로 불리기도 했다.

사리안은 필리핀에서 알로카시아 지브리나와 미콜리치아나의 하이브리딩으로 만들어진 품종으로, 농장 증식 과정에서 알보와 오레아 변이가 선별되었다. 그중 알보는 독특한 삼각형 잎과 강건한 성장력으로 1m 이상 크는 대형종 특징 덕분에 최고 희귀종으로 평가받았다.

사리안 var. 알보

이 품종은 킹 오브 알로카시아로 불릴 만큼 크고 위압적이다. 동남아 농장에서는 키가 2m를 넘고 잎 길이만 1m 이상 자랄 정도로 웅장하다. 포토라는 알로카시아 오도라와 포르테이 교배종인데, 두 종의 강건함과 거대한 수형을 그대로 물려받았다.

증식은 뿌리에 붙은 자구를 분리하거나 목질화된 줄기를 잘라 수태 · 습윤 배양토 위에서 새싹을 틔우는 방식으로 이루어진다. 크기, 무늬, 존재감 모두 압도적이어서 알로카시아의 왕이라는 별칭이 잘 어울리는 품종이다.

포토라 var.

세렌디피티는 우연히 만난 행운이라는 의미를 품고 있다. 2002년 개봉한 동명 영화에서 여주인공이 "만날 운명이라면 만나게 돼요"라는 대사를 남긴 것처럼 이 품종 이름에도 그런 뜻이 담겨 있다.

대부분의 알로카시아가 녹색 잎을 지니지만, 세렌디피티는 짙은 자색 바탕색을 가지고 있어 처음부터 고급스러운 분위기를 풍긴다. 여기에 연보랏

빛 무늬가 더해지면 바탕과 대비되어 몽환적인 색조를 만든다. 진보라 잎만
으로도 충분히 아름다웠던 품종이었는데 뜻밖의 무늬가 생겨난 것은 우연
히 찾아온 행운이라 할 만하다. 이런 우아한 자태 덕분에 퀸 오브 알로카시
아라 불린다. 잎은 보통 40~60cm까지 자라며 물과 비료를 좋아한다. 강건
해서 키우기 쉬운 편이고 자구도 잘 붙는다.

세렌디피티 var.

　이 품종 이름은 중미의 유카탄 지역에서 따왔지만 실제 고향은 보르네오 섬이다. 보르네오 사라왁 지역 자생종인 알로카시아 사라왁켄시스를 기반으로 만들어진 하이브리드다. 세렌디피티보다 훨씬 이전부터 동남아 농장에서 배양됐으며, 그중 무늬 개체가 선별되어 마니아들 사이에서 꾸준히 사랑받았다.

　2020년 세렌디피티 열풍 당시, 유묘 단계에서 두 품종의 구별이 어려운 점을 악용해 유카탄이 세렌디피티로 둔갑해 고가에 거래되기도 했다. 최근에는 세렌디피티보다 개체 수가 적어 더 높은 평가를 받는 경우도 있다. 짙은 보라 · 연보라 · 노란빛이 섞인 독특한 무늬가 매력적이다.

유카탄 프린세스 var.

이 품종은 용의 비늘을 닮은 질감의 알로카시아 무늬종이다. 보르네오 열대우림에서 자연 변이로 발견된 무늬종이 시초다. 드래곤 스케일은 알로카시아 바긴다에서 변이된 품종으로, 원종보다 잎의 색이 짙고 표면 입체감이 더욱 강하다. 한국 마니아들 덕분에 알보와 오레아 무늬 자구가 집중적으로 증식되면서 동남아로 역수출된 독특한 이력을 지닌다.

알보(흰색 무늬)는 색 대비가 뛰어나 꾸준히 사랑받아왔다. 현재는 상대적으로 수량이 적은 오레아(노란 무늬)가 더 높은 가격대를 형성하기도 한다. 다만 오레아는 무늬 고정성이 낮아 빛 관리에 신경을 써야 한다.

드래곤 스케일의 잎은 두껍고 단단해 무광 플라스틱을 만지는 듯한 독특한 촉감을 지니며 20~30cm 정도까지 자란다. 습도를 좋아하지만 과습에는 약하므로 공중 습도는 60% 전후로 유지하고 물은 적절히 말린 뒤에 주는 것이 관리 핵심이다.

드래곤 스케일 var. 오레아

드래곤 스케일 var. 알보

드래곤 스케일 var. 오레아

이 품종은 줄기와 잎자루가 은은한 핑크빛을 띠어 이름처럼 고운 분위기를 주는 알로카시아다. 드래곤 스케일과 같은 바긴다 계열에서 나온 아종이다. 2018년 동남아 농장에서 노란 무늬 오레아가 처음 발견되었고, 2020년에는 자연에서 알보 무늬까지 확인되며 본격적으로 마니아들 사이에 퍼졌다.

중형 종이라 공간 활용이 좋고 배양도 어렵지 않다. 잎은 약 40cm까지 자라 실내에서도 부담 없이 키우기 좋다. 하지만 과습 시 잎이 쉽게 녹을 수 있어 주의해야 한다. 알로카시아 특성상 잎으로 수분을 많이 끌어올리므로 물 준 뒤 통풍과 적절한 공중 습도 유지가 건강한 생장을 위한 핵심 관리 포인트다.

핑크 드래곤 var. 알보　　핑크 드래곤 var. 알보　　핑크 드래곤 var. 오레아

이 품종들은 한국과 동남아 마니아들 사이에서 아마조니카와 폴리라 불리지만, 사실 한 계열에서 크기로 구분한 품종이다. 보르네오·말레이시아 자생종 롱길로바와 필리핀 민다나오의 샌더리아나 교배종이다. 대형은 아마조니카, 실내에 적합한 중소형은 아마조니카 폴리로 부른다.

농장에서 배양되던 무지 개체 중 무늬종이 선별되었고, 진한 자색 잎에 핑크빛이 감도는 알보 무늬가 나타나 큰 인기를 얻었다. 일반적으로 관엽 무늬종에서 잎 전체가 흰색으로 나오면 고스트(유령) 잎으로 곧 녹아 사라진다. 하지만 아마조니카 계열은 아주 미세한 엽록소 덕분에 시간이 지나면 연한 민트빛 무늬가 다시 드러나는 특징이 있다. 무늬 색에 따라 알보 혹은 알보와 민트가 섞여 나타나는 것을 민트 트라이컬러로 구분한다.

아마조니카 var. 폴리 민트(트라이컬러)

아마조니카 var. 핑크 알보

이 품종은 작고 사랑스러운 잎 모양이 매력적인 소형 알로카시아다. 아마조니카 계열에서 소형 개체가 선별돼 만들어진 품종이다. 균형 잡힌 잎과 아기자기한 자태 덕분에 실내 어디에 두어도 잘 어울린다.

시중에는 밤비노 알보가 주로 유통되며 오레아는 상대적으로 드물다. 배양이 쉽고 환경 적응력도 좋아 자구도 잘 나오기 때문에 초보자에게 특히 추천할 만하다. 잎은 보통 20cm 내외로 자라며 환경이 좋으면 30cm까지도 성장한다. 알보 무늬가 유령 잎처럼 보여도 시간이 지나면 민트빛으로 고정되는 경우가 있다. 그러니 녹아내리지 않으면 그대로 배양하면 좋다.

밤비노 var. 알보

밤비노 var. 오레아

이 품종은 풍선처럼 부풀어진 하트 모양 잎이 매력적인 아마조니카 계열의 형태 변이종이다. 독특한 잎 모양 덕분에 처음 보는 이들도 쉽게 기억하는 개성이 강한 품종이다. 배양 과정에서 다양한 무늬 개체가 선별되어 마니아들 사이에서 꾸준히 사랑받고 있다. 일부

벌룬하트 var. 알보

무늬종은 한국의 전문 배양가들에게 증식되어 다시 동남아시아로 역수출되기도 했다.

베놈은 2020년경 국내 한 관엽 농원에서 아마조니카를 배양하던 중 발견된 잎 변이를 선별해 탄생한 품종이다. 배양가 메이슨(Mason, 아이디명)을 통해 전 세계 알로카시아 마니아들에게 소개되었다. 잎 모양이 영화 〈베놈〉의 얼굴을 닮아 붙인 이름이며, 독특한 수형 덕분에 꾸준히 사랑받고 있다.

최근에는 오레아와 알보 무늬종까지 선별되어 소수 마니아 사이에서 더욱 귀하게 평가된다. 무늬 고정성이 좋아 수형과 무늬의 매력을 함께 즐길 수 있고 배양 난이도도 높지 않다. 실내에서도 잎이 약 40cm까지 자라는 강건한 품종으로 K-알로카시아를 대표하는 개체라 할 만하다.

베놈 var. 핑크 알보

베놈의 아버지 메이슨(이문기)

잭클린 Alocasia Jacklin var.

이 품종은 2010년대 초반 보르네오섬에서 발견되며 큰 화제를 모았다. 당시만 해도 무늬종 개념이 제대로 정립되지 않았던 시기라, 자연 상태에서 독특한 표면 질감을 가진 알로카시아가 발견됐다는 사실만으로도 큰 뉴스였다.

2020년대 들어 한국에서는 관엽 전문 배양가 Musa(아이디명)를 통해 알보와 연한 연두색 무늬가 섞인 미스틱(Mystic: 신비로운)이 소개되었다. 베트남에서는 농장 배양 중 오레아 무늬가 발견되며 다시 한번 관심을 모았다. 최근에는 알보 무늬 개량종까지 등장해 전 세계 마니아들 사이에서 꾸준히 배양되고 있다. 실내에서 잎이 50~60cm까지 자라며 강건하고 건조에도 비교적 강한 편이다.

잭클린 var. 오레아

노빌리스 var. 알보(좌)와 잭클린 var. 오레아(우)

대형 알로카시아인 마크로리조스에서 나온 잎 변이종으로, 인도네시아와 말레이시아에서 선별·개량된 품종이다. 잎 모양이 명칭처럼 가오리를 닮았다.

2022년에는 조직배양 과정에서 오레아 무늬종이, 2023년에는 알보 무늬종이 선별되어 마니아들 사이에서 주목받았다. 건강하고 배양이 쉬운 편이며 자구도 잘 붙어 무지·무늬 모두 키우는 재미가 크다. 시중에서 쉽게 구할 수 있어 독특한 수형의 알로카시아를 찾는 이들에게 권할 만한 품종이다.

스팅레이 var. 알보

스팅레이 var. 오레아

알로카시아 포토라를 만드는 데 기반이 된 원종으로, 필리핀 루손섬 자생종이다. 식물학자 마리우스 포르테(Marius Porte) 이름에서 따왔다. 그는 신대륙과 아시아에서 수집한 식물을 물이끼(청태: Sphagnum)에 싸서 유럽으로 보내던 방식을 최초로 도입한 인물이다. 오늘날 식물 포장과 커팅 활착에 사용하는 수태 방식의 시초가 그의 시도에서 비롯되었다.

포르테이는 실내에서도 상당히 크게 자라며 열대우림에서는 잎 길이가 1m가 넘는 대형종이다. 성체 잎은 침엽수를 연상시키는 수형으로, 집 안에서 키우면 작은 소나무를 두는 듯한 분위기를 준다. 배양 과정에서 잎 폭이 더 좁아지는 흥미로운 변이가 나타나 키우는 즐거움을 더하는 품종이다.

포르테이 var. 오레아

이 품종은 필자가 수많은 알로카시아 중에서도 단연 최고로 꼽는 것이다. 쿠프레아는 라틴어로 구리를 뜻하며 금속광택이 도는 붉은빛·청록빛 잎이 특징이다. 학명은 알로카시아 쿠프레아이지만, 그중 잎 뒷면 붉은빛이 특히 강한 개체가 레드 시크릿이라는 상품명으로 유통된다.

붉은색이 약한 개체는 발색 시 오렌지빛을 띠어 오레아로 분류되고, 레드 시크릿처럼 붉은색이 진한 개체는 핑크빛이 도는 매우 희귀한 무늬를 보여

세계적으로 높은 가치를 인정받는다.

자연산 레드 시크릿 무늬종은 한국 배양가들에게 자구가 증식되어 다시 동남아로 역수출될 만큼 귀하다. 수량이 적어 여전히 고가로 거래되며, 전 세계 마니아들의 위시리스트 1순위로 꼽힌다.

쿠프레아는 건조에 강하고 과습에 약해 공중 습도는 유지하되 분내 과습은 피해야 한다. 실내에서는 약 40cm까지 자라는 중형종이다. 강한 개성 덕분에 챈트리에리 · 세데니이 같은 하이브리드 기반이 되기도 했다.

쿠프레아 레드 시크릿 var. 오레아

쿠프레아 레드 시크릿 var. 오레아

쿠프레아 레드 시크릿 var. 핑크 알보

이 품종은 인도네시아 동부 보르네오섬에서 유래한 원종 알로카시아로 타원형 잎을 지닌 소형종이다. 이 품종도 다양한 변이종과 하이브리드의 모체가 되었다. 대표 변이종으로는 블랙벨벳, 블랙닌자, 실버벨벳이 있으며, 이들 변이종에서도 여러 무늬 개체가 다시 선별·증식되었다. 특히 블랙벨벳에서 알보 무늬가 핑크빛으로 발색한 개체는 2020년 블랙핑크 열풍과 함께 큰 인기를 끌었다.

레지눌라를 기반으로 한 하이브리드는 실버드래곤, 비스마, 마하라니, 레갈실드 등이 있다.

잎 표면이 고급스러운 벨벳 질감을 띠며, 손으로 만졌을 때도 부드럽고 무광의 촉감이 그대로 느껴진다. 일반 알로카시아처럼 광택이 반짝이지 않아 무광 특유의 고급스러움이 돋보인다.

물은 겉흙이 마른 뒤 하루이틀 정도 지나 관주하는 것이 좋다. 공중 습도는 60% 이상 유지하면 레지눌라 특유의 벨벳 잎 질감을 오래도록 즐길 수 있다.

레지눌라 블랙닌자 var. 트라이컬러

레지눌라 블랙닌자 var. 오레아

레지눌라 블랙벨벳 var. 핑크 알보

이 품종은 샌더리아나 잎이 좁아진 형태 변이로, 자생 환경에 따라 다양한 잎 형태가 나타나는 계열 중 하나다. 노빌리스는 2020년 초반 오레아 무늬가 먼저 선별되고 이어 알보 무늬가 발견되면서 세계적인 관심을 받았다. 특히 노빌리스 알보는 당시 블랙핑크 열풍과 맞물려 빠르게 스타 품종이 되었다.

한국 배양가들이 선별·증식한 K-노빌리스 알보는 핑크빛이 강하고 무늬가 고르게 퍼지는 특징 덕분에 동남아에서 유통되던 알보보다 품질이 우수하다는 평가를 받았다. 실제로 동남아 셀러들이 K-노빌리스 알보를 더 비싼 가격에 역수출할 정도였다. 오레아 무늬도 꾸준히 사랑받고 있으나, 여전히 노빌리스 인기의 중심은 K-노빌리스 알보, 그중에서도 핑크빛이 도는 개체다.

(상단) 샌더리아나 노빌리스 var. 오레아
(하단) 샌더리아나 노빌리스 var. 핑크 알보

　멜로는 인도네시아 보르네오 · 칼리만탄 지역에서 발견된 원종 알로카시아이다. 호주 식물학자 알리스터 헤이(Alistair Hay)가 멜론을 닮았다고 해서

멜로 var. 알보

멜로는 인도네시아 보르네오 · 칼리만탄 지역에서 발견된 원종 알로카시

아이다. 호주 식물학자 알리스터 헤이(Alistair Hay)가 멜론을 닮았다고 해서

1997년 학명으로 등록했다. 잎은 깎지 않은 멜론을 떠올리게 하는 청록색 바탕과 독특한 질감을 지닌다.

2020년대 초반 농장에서 오레아와 알보 무늬가 선별되었고, 최근에는 조직배양 묘도 등장하고 있으나 여전히 귀한 편이다. 잎은 약 30cm, 전체 높이는 50cm 내외의 중소형 종으로 건조에는 강하지만 과습에 약하다. 관주 후 잎을 잘 말려주고 공중 습도 60% 정도를 유지하면 건강하게 키울 수 있는 품종이다.

마하라니 var. Alocasia Maharani var.

마하라니는 블랙벨벳과 멜로의 하이브리드로, 블랙벨벳 특유의 벨벳 질감과 멜로의 독특한 표면 무늬가 조화된 매력적인 품종이다. 2022년에는 자구 배양 과정에서 알보 무늬가 선별되며 큰 관심을 모았다.

일반적으로 하이브리드는 원종보다 높은 값을 형성하지만, 마하라니는 기반종인 멜로보다 개체 수가 빠르게 늘어 상대적으로 낮은 가격대를 보인다. 이는 잡종 우세라는 유전법칙에 따라 자구 증식 속도가 빠르고 생육이 강건하기 때문이다.

기반종인 멜로와 습성이 비슷해 건조에 강하고 관리가 쉬운 편이다. 중형 종으로 실내에서는 잎이 약 30cm, 좋은 환경에서는 40cm 정도까지 자라며 키우는 재미가 있는 품종이다.

마하라니 var. 알보

블랑키폴리아는 보르네오가 고향인 알로카시아로, 1863년 제노피아 블랑키폴리아(제노피아는 당시 알로카시아 하위 아종으로 분류되었음)라는 이름으로 소개되었다. 그러다가 1990년 식물학자 알리스터 헤이가 독립된 원종으로 정리하며 지금의 학명을 갖게 되었다.

새의 깃털을 닮은 독특한 잎이 매력적이며, 2023년 조직배양 과정에서 알보 무늬가 선별되면서 희귀 알로카시아로 큰 주목을 받았다. 원종도 귀하지만 알보 무늬종은 특히 드물어 더욱 가치가 높다. 대형종인 블랑키폴리아는 조건만 맞으면 40~70cm까지 곧게 자라 작은 나무처럼 웅장한 분위기를 낸다.

블랑키폴리아 var. 알보

보르네오에서 발견된 비교적 최근의 신종 알로카시아로, 야생 개체 수가 매우 적어 천연기념물 급으로 여겨지는 희귀종이다. 보르네오 식물학자 아즐란(Azlan)의 이름을 따 2016년 공식 학명으로 등록되었다.

금속광택을 띠는 잎은 각도에 따라 초록, 보라, 핑크빛이 함께 비쳐 보석처럼 아름답다. 무늬가 없는 기본종도 충분히 매력적인데, 2023년에는 알보 무늬가 들어간 변이 개체가 선별되어 마니아들 사이에서 큰 화제가 되었다. 잎은 약 20cm까지 자라는 소형종으로, 형태는 타원형이며 높은 습도에서 가장 안정적으로 성장한다.

아즐라니 var. 알보

챈트리에리는 알로카시아 쿠프레아와 샌더리아나의 교배로 만들어진 하이브리드 종이다. 검녹색 바탕에 뚜렷한 엽맥이 대비되어 독특한 분위기를 주며, 강한 색 대비가 대표 감상 포인트다.

대형종으로 실내에서도 잎이 40cm까지 자라고, 성체가 되면 60cm 이상으로 성장해 웅장한 모습을 보여준다. 배양 과정에서 무늬종도 선별되었으며, 하이브리드 특성상 자구 번식이 빠른 편이라 현재는 무늬종도 비교적 쉽게 구할 수 있다.

챈트리에리 var. 알보

세데니이는 알로카시아 쿠프레아와 롱길로바 로위아이 교배로 만들어진 하이브리드로, 19세기 중반 영국의 식물 육종가 존 세덴이 개발했다.

잎은 화살촉 형태로 앞면은 금속성 짙은 녹색, 뒷면은 선명한 보라색을 띠어 독특한 존재감을 보여준다. 크기는 약 30cm 정도로 중형종에 속한다. 최근 태국 농장에서 오레아와 핑크빛 알보 무늬종이 선별되며 희소성과 가치가 더욱 높아졌다. 2025년 기준 알로카시아 하이브리드 계열에서 4대 천왕으로 꼽히는 고급 품종이다.

세데니이 var. 핑크 알보

네뷸라는 1985년 호주의 식물학자 알리스터 헤이가 필리핀 민다나오 섬에서 발견한 알로카시아다. 잎 앞면은 뿌연 은분을 뿌린 듯한 금속성 광택을 띠며, 뒷면은 붉은색 또는 짙은 자주색이 돌아 독특한 분위기를 낸다.

최근에는 오레아와 핑크빛 알보 변이 개체가 등장해 주목받고 있으며, 특히 알보는 마니아들 사이에서 고가로 거래되고 있다. 현재 알로카시아 4대

천왕 중 하나로 꼽히는 인기 품종이다.

중형종으로 잎은 약 35cm까지 자라며, 성장할수록 은빛 광택과 뒷면 붉은 빛이 더 선명해진다. 기본적인 알로카시아 배양 기준만 맞추면 비교적 잘 자라는 편이다.

네뷸라 var. 오레아

네뷸라 var. 핑크 알보

차이 var. Alocasia Chaii var.

차이는 2007년 보르네오 사라왁 지역에서 발견 · 등록된 알로카시아로, 야생 개체 수가 매우 적어 극히 희귀한 원종이다. 잎은 무광의 회녹색을 띠며 뒷면은 연한 녹색이다. 타원형으로 약 30cm까지 자라는 중소형 종이다.

2024년에는 차이 무늬종이 선별되어 마니아들 사이에서 큰 관심을 받고 있다. 수량이 극히 적고 가격도 높아 입수가 쉽지 않은 품종이다.

특히 원종은 물 빠짐이 생육의 핵심으로, 관주 후 분 안의 물이 즉시 배출되고 잎 표면 수분이 신속히 마를 수 있도록 하는 환기 관리가 중요하다. 이 품종 역시 알로카시아 4대 천왕으로 꼽히는 희귀종이다.

차이 var. 알보

안토로 var. Alocasia Antoro Velvet

인도네시아에서 수집된 것으로 알려진 안토로는 아직 정식 학명은 없지만, 배양가들 사이에서는 독립된 원종으로 인정받는 희귀 알로카시아다. 벨벳처럼 부드러운 잎 표면과 거의 검게 보일 정도의 짙은 녹색이 매력적이며, 크기는 약 40~50cm까지 자란다.

최근에는 안토로의 알보 무늬종이 선별되어 초희귀 품종으로 마니아들 사이에서 고가로 거래되고 있다. 이 품종도 알로카시아 4대 천왕으로 꼽히는 대표적인 희귀종이다.

안토로 var. 핑크 알보

배양 팁

관리 포인트

알로카시아는 물을 얼마나 효과적으로 주고, 얼마나 빨리 배출되게 하느냐가 관리 핵심이다. 물은 필수지만 너무 자주 주면 잎이 녹고 줄기가 썩기 쉬워 주의가 필요하다. 관주 후 물이 즉시 빠지고 화분 속 통기성이 충분해야 희귀 알로카시아의 무늬와 성장이 안정적으로 유지된다.

대부분의 Aroid가 삽목으로 증식되는 것과 달리 알로카시아는 뿌리에서 자구가 생성되는 방식으로 번식된다. 자구는 모주와 비슷한 유전자를 이어받지만, 무늬 재현율은 약 20~30% 수준이다. 그래서 배양가는 선택해야 한다. 자구 생산을 늘려 증식을 우선할 것인지, 모주의 무늬 잎을 꾸준히 뽑아 작품성을 높일 것인지를 말이다. 질소 비료는 자구 생산에는 도움이 되지만 모주의 무늬 발현을 떨어뜨릴 수 있다는 점도 고려해야 한다.

배양토는 바크와 굵은 펄라이트 비중을 높여 배수성을 확보하고 소량의 피트모스·코코피트를 섞으면 뿌리 썩음과 줄기 무름을 예방할 수 있다.

습도는 최소 60% 이상이 이상적이며, 40% 이하에서는 잎끝 마름과 무늬 갈변이 생길 수 있다. 온도는 20~28도에서 가장 안정적으로 자라며, 30도를 넘기면 성장이 멈추거나 고온 피해가 발생하므로 실내에서는 이를 넘지 않도록 관리해야 한다.

비료 관리 | 하이포넥스 기준

자구 생산 목적: 월 2회 액비 1,000:1 관주 / 엽면시비 2주 1회 2,000:1

모주 감상 목적: 월 1회 2,000:1 관주 / 엽면시비 2주 1회 2,000:1

 ## 병충해 관리

알로카시아는 줄기가 지상으로 드러나면 무름병이 생기기 쉬우므로 오티바 2,000:1 희석액을 정기적으로 뿌려 예방한다. 초기에 발견되면 썩은 부분을 제거하고 오티바 원액을 바른다. 환부가 깊어 줄기를 잘라야 할 경우, 생장점이 있는 윗부분을 잘라 스포탁 2,000:1 희석액에 30분간 소독한 뒤 물이나 수태에 꽂아 새 뿌리를 받으면 된다.

콜로카시아Colocasia | 칼라디움Caladium

콜로카시아는 식용 토란에서 변이된 품종으로, 무늬나 형태가 독특한 개체를 원예화한 것이다. 칼라디움은 화려한 잎 무늬와 선명한 색감으로 사랑받는 식물이다. 한국에서는 겨울에 잎이 지고 구근으로 휴면하지만, 동남아 자생지에서는 사계절 내내 화려한 잎을 유지한다. 태국과 베트남에는 칼라디움만 전문적으로 배양하는 마니아층이 형성돼 있다. 두 식물은 알로카시아와 가까운 아로이드 계열로 다양한 변이와 독특한 매력을 지닌다.

콜로카시아Colocasia

콜로카시아는 열대 · 아열대 동남아시아와 태평양 연안에 자생하며, 식용 토란과 관상용 토란을 통칭하는 학명이다. 식용종인 에스큘렌타 외에도 파라오 마스크에서 나온 오레아 무늬종, 엔젤 마스크, 모히토, 밀키웨이 등 다양한 관상 품종이 있다.

　높은 공중 습도를 좋아하는 특성은 식용·관상용 모두 동일하다. 콜로카시아는 성체가 되면 크기가 상당히 커지므로 실내 공간을 고려해 입수 여부를 결정하는 것이 좋다. 보통 1m 이상 자라며, 무늬를 오래 유지하려면 습도 조절이 가능한 식물 캐비닛이 필요하다. 적정 온도는 20~30도이며 배수·통기성이 뛰어난 배양토에서 특히 잘 자란다.

파라오 마스크 var. 오레아

파라오 마스크 var. 핑크 알보

콜로카시아의 지존 파라오 마스크

밀키웨이(은하수) | 엔젤 마스크

무명품

칼라디움 Caladium

칼라디움은 남미 브라질과 열대우림이 원산으로, 다양한 원예종이 개발돼 실내·외에서 널리 재배되는 관엽식물이다. 적정 온도는 20~28도이며, 30도 이상 고온이 지속되면 구근이 손상될 수 있다. 잎이 얇아 공중 습도가 높을수록 잘 자라며 건조하면 무늬가 먼저 마르고 관상성이 떨어진다.

실내 온도를 15도 이하로 떨어지지 않게 관리하면 사계절 내내 감상할 수 있다. 보통 40~50cm 정도로 자라 실내에서 키우기에 알맞다.

최근 인기 품종인 빌리어네어, 레드컵, 텐싸우즌, 스완 등은 필자가 배양 증식해 한국에 보급한 개체들이며, 이 외에도 여러 배양가가 다양한 무늬종 칼라디움을 지속적으로 선별·개량하고 있다.

빌리어네어(억만장자)

볼케이노

빌리어네어(억만장자)

레드컵

Red cup

텐싸우즌

스완

요드 크라운

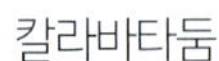

썬 스푼

관리 포인트

두 식물 모두 높은 습도를 좋아하며, 특히 무늬종은 습도가 낮으면 무늬가 갈변하거나 떡잎이 생기기 쉬우므로 습도 유지가 중요하다. 필요하다면 식물 캐비닛 사용을 추천한다. 다만 콜로카시아는 대형으로 자라므로 배양 공간을 고려해 입수해야 한다.

15도 이하에서는 관엽식물이 하엽이 지거나 약해지는데, 칼라디움은 낙엽 후 월동도 가능하다. 실내 기준으로 겨울철 15도만 유지해도 사계절 무늬 감상이 가능하다.

두 식물 모두 물을 좋아해 토양 배합에 크게 민감하지 않다. 습도는 최소 60%, 가장 이상적인 성장은 70% 전후에서 나타난다. 50% 이하에서는 잎끝 마름과 무늬 갈변이 생기기 쉬우니 주의해야 한다. 배양 온도는 20~28도가 적합하며 30도를 넘기면 성장이 멈추거나 고온 피해가 생길 수 있다.

비료 관리

월 2회 하이포넥스 액비 1,000:1 관주 / 엽면시비 2주 1회 2,000:1

병충해 관리

탄저병 예방 델란 월 1회 1,000:1 엽면 도포 / 비오킬 월 1회 1:1 희석 살포

몬스테라Monstera

몬스테라는 상록 덩굴식물로 습기가 많은 환경에서 잘 자란다. 몬스테라 계열에는 약 40여 종의 원종 식물이 있으며, 이중 식물 마니아들에게 잘 알려진 품종은 10여 종 정도다. 그중에서도 특히 대중적인 사랑을 받는 대표 품종으로는 ① 델리시오사, ② 버럴막스플레임, ③ 오빌리쿠아, ④ 아단소니가 있다. 이 품종들을 하나씩 살펴보려 한다.

몬스테라 잎은 서로 어긋하게 나며 품종에 따라 성숙한 잎은 1m에 이를 정도로 크다. 줄기는 2m에서 길게는 20m까지 뻗으며 성장할수록 굵고 단단해진다. 특히 눈길을 끄는 것은 잎 형태다. 깃 모양으로 갈라진 잎 곳곳에 난 구멍은 폭우와 강풍이 잦은 열대 환경에서 자신을 보호하기 위해 진화한 결과다. 굵고 초록빛이 도는 줄기에서는 마디마다 기근이 자라나 주변 나무나 벽에 매달리며 위로 올라간다.

몬스테라는 열대의 생명력과 구조적 아름다움을 동시에 지닌 식물이다. 실내에 한 그루 들여놓기만 해도 푸른 정글의 숨결이 공간 안으로 스며드는 듯한 기분을 느끼게 해준다.

1 델리시오사Monstera Deliciosa

타이 콘스텔레이션 Monstera Deliciosa var. Thai Constellation

이 품종은 태국에서 선별 · 증식된 몬스테라 델리시오사의 대표 무늬종으로, 잎에 별빛이 흩뿌린 듯한 무늬가 특징이다. 현재 시중에 유통되는 대부분의 몬스테라 무늬종(TC, 조직배양묘)이 이 품종을 기반으로 한다. 한국에서는 무늬몬 혹은 타이콘, 동남아시아에서는 타이콘이라 불리며 사랑받고 있다.

타이 콘스텔레이션을 모체로 한 대표 변이종으로는 크림 브륄레, 플래티늄(더블 민트), 오션 민트, 레간시, 그린 스노 등이 있다. 지금도 새로운 무늬 패턴 변이종이 계속 등장하며 애호가들 관심을 받고 있다.

이 품종은 무늬 몬스테라 중에서도 특히 강건해 초보자도 쉽게 기를 수 있다. 건조나 강한 빛에도 잘 견디며, 실내에서도 약 1m까지 무난히 성장한다.

델리시오사 알보 Monstera Deliciosa var. Albo

몬스테라 델리시오사 알보는 희귀성과 아름다움을 동시에 지닌 무늬 몬스테라다. 하지만 성장 과정에서 잎의 무늬가 사라져 무지 혹은 유령(흰색)으로 변하는 경우도 있어 안정된 무늬를 유지하기 어렵다. 그래서 균형 잡힌 무늬가 잎 전체에 펼쳐진 타이거 바리(전면 산반) 형태 개체는 특히 귀하게 여겨진다.

대부분의 민트 계열 무늬종은 잎이 커질수록 민트(산반) 무늬가 녹색에 묻혀 어두워지는 경향이 있지만 델리시오사 알보는 다르다. 1m에 가까운 대형 잎으로 자라도 선명한 흰색 알보 무늬가 진한 녹색과 뚜렷한 대비를 이루며 특유의 아름다움을 유지한다. 대중에게 소개된 지는 오래되었지만, 무늬가 고르게 펼쳐진 타이거 바리 개체는 여전히 드물어 지금도 고가에 거래되는 품종이다.

델리시오사 var. 알보

델리시오사 오레아 Monstera Deliciosa var. aurea

델리 오레아 Monstera Deliciosa var. Deli Aurea

델리 오레아는 처음엔 밝은 황색 무늬가 나타나지만, 시간이 지나면서 잎의 두께가 얇아지고 색이 옅어지는 특성이 있다. 주로 조직 배양을 통해 대량 생산된 개체가 많아 비교적 흔한 편이지만, 빛과 온도 조건에 따라 잎의 발색이 달라지기 때문에 각각의 델리 오레아는 조금씩 다른 표정을 지닌다.

델리 오레아

옐로 마를린 Monstera Deliciosa var. Yellow Marilyn

옐로 마를린은 은은한 황색이 매력적인 품종이다. 잎이 펼쳐진 뒤 약 한 달에 걸쳐 황색이 서서히 드러나며 산반 무늬가 잎 전체에 고르게 퍼진다. 시간이 지나면 색이 조금 옅어져 부드러운 미황색으로 안정된다. 잎은 두텁고 질감이 탄탄해 건강한 인상을 준다. 다만 진품은 드물어 시중에서는 델리 오레아를 옐로 마를린으로 오인해 키우는 경우가 많다.

자이언트 옐로Monstera Deliciosa var. Giant Yellow

자이언트 옐로는 잎이 처음 펼쳐질 때 연녹색과 진녹색이 어우러진다. 또한 약 6개월에 걸쳐 서서히 짙은 황색으로 변해가며 고급스러운 색감을 완성한다. 잎의 두께가 두껍고 델리시오사 계열 중에서도 가장 큰 잎(약 1m)에 속한다. 선명한 황금빛과 웅장한 자태 덕분에 델리시오사 오레아 계열 중 최고 등급으로 인정받고 사랑받는 품종이다.

위 세 품종은 수분 관리와 통풍이 부족하면 무늬가 녹아내릴 수 있다. 특히 오레아(노란빛) 몬스테라는 강한 빛을 조심해야 하고 수분 조절이 중요하

다. 그러니 물을 준 뒤에는 환풍기나 선풍기로 공기를 순환시켜주면 무늬가
안정적으로 유지된다.

| 자이언트 옐로

델리시오사 민트 Monstera Deliciosa var. mint

플래티늄 | 더블 민트 Monstera Deliciosa var. Platinum / Double mint

플래티늄 타이 콘스텔레이션(태국 별자리)에서 변이된 희귀 품종으로 잎 전
체가 은은한 민트빛을 띠며 흰색과 유백색 무늬가 조화를 이룬다. 마치 잎

위로 부드러운 빛이 내려앉은 듯 고급스럽고 세련된 인상을 준다. 그중 녹색 산반이 눈처럼 흩뿌려진 개체는 그린 스노, 노란빛이 강한 산반 개체는 레간 시로 구분된다. 타이콘보다 성장 속도는 느리지만 다른 민트 계열과 달리 성숙해도 무늬가 녹색에 묻히지 않고 선명함을 유지한다. 꾸준하고 안정적인 무늬 패턴이 이들 품종의 가장 큰 매력이다.

플래티늄/더블 민트

화이트 몬스터Monstera Deliciosa var. White Monster

화이트 몬스터는 새잎이 처음 나올 때는 눈처럼 하얀색을 띠지만 시간이 지나면 잎마다 녹색의 산반(민트) 무늬가 번져 민트빛으로 변해간다. 하얀 잎에 민트색이 섞여 생기는 독특한 조화가 화이트 몬스터의 가장 큰 아름다움이다. 다만 성숙한 개체로 자라면 잎의 색이 점점 녹색으로 돌아가 관상 미가 줄어들기도 한다.

화이트 몬스터

민트티는 델리시오사 민트 계열 중에서도 부드러운 색감을 지닌 품종이
다. 일반 민트가 흰색 바탕에 녹색 무늬를 띠는 반면, 민트티는 연녹색 바탕
위에 노란빛 점무늬가 고르게 퍼져 있다. 은은한 색 조화 덕분에 한결 따뜻
하고 부드러운 인상을 준다.

민트티

화이트 티어는 몬스테라 무늬종 가운데에서도 가장 아름답고 희귀한 품
종으로 꼽힌다. 순백의 잎 위에 녹색 민트 무늬가 바둑판처럼 크거나 점처럼
잔잔하게 퍼져 있어 한 장의 예술 작품을 보는 듯하다. 잎은 최대 1m까지 자
라며, 무늬 형태에 따라 믹스드 민트와 풀민트로 구분된다. 이중 화이트 티
어 풀민트는 극히 드문 개체로 마니아들 사이에서 특별히 인정받고 있다.

화이트 티어

오션 민트는 연둣빛 산반이 돋보이는 민트 티와 흰색 산반의 화이트 티어 중간 정도의 색감을 지닌다. 무지 종자의 파종 중 선별된 개체로, 2021년 말 화이트 티어 이후 대중에게 소개되었다. 신품종으로 처음 등장했을 때는 많은 관심을 받았지만, 무늬 색이 기존 품종에 비해 뚜렷한 개성이 부족하고 성장하면서 신엽의 색이 다소 어두워지는 경향이 있어 지금은 마니아층 중심으로 조용히 사랑받는 품종이다.

오션 민트

시암 민트 Monstera Deliciosa var. Siam Mint

시암 민트는 신아가 출하할 때 흰색 바탕 위로 녹색 산반이 깔리며 독특하고 세련된 인상을 주는 품종이다. 특히 다른 델리시오사 계열보다 잎이 둥글고 두터운 환엽 형태를 보여 마니아들에게 큰 사랑을 받고 있다. 주로 새순이 올라오는 상단부(탑수)를 구매하기 때문에 신엽의 선명한 색감과 환엽의 조화를 함께 감상할 수 있다. 다만 대부분의 민트 계열처럼 성장하면서 잎의 녹색 비율이 늘어나 무늬가 옅어지는 경향이 있어 초기의 선명한 민트빛을 오래 유지하기는 어렵다.

시암 민트

데블 민트

데블 민트는 현재 민트 계열 중 가장 고가에 거래되는 품종으로, 독특한 산반 무늬와 수형 덕분에 마니아들 관심을 한몸에 받고 있다. 새잎이 나올 때는 흰색 바탕 위에 녹색 산반이 엽맥을 따라 퍼지며 데블만의 개성을 드러낸다. 잎이 작을 때는 비교적 평범해 보이지만 성엽으로 자라 찢잎 형태로 변하면 다른 델리시오사와는 확연히 다른 독특한 인상을 준다. 현재는 희소성과 제한된 유통으로 인해 높은 가격대를 유지하고 있다. 그러나 곧 조직배양묘(TC)가 출시될 거라는 소문이 돌기도 한다.

불바사우르

불바사우르는 잎이 지닌 독특한 무늬 패턴 덕분에 마니아들 사이에서 큰 관심과 사랑을 받고 있다. 최근에는 증식이 활발해져 상인과 소장자 간의 거래도 늘고 있다. 민트 계열의 델리시오사 무늬종이지만, 다른 민트 품종과는 확연히 구별되는 개성 있는 패턴이 특징이다.

민트(산반) 계열 품종은 잎이 커질수록 민트색이 녹색에 묻히는 경향이 있다. 특히 질소 비료가 과하면 중간 단계 잎부터 무늬가 사라질 수 있으니 유념해야 한다. 다시 선명한 무늬를 보고 싶다면 줄기 중간을 절단한 후 신엽을 유도해 민트빛을 감상하는 방법밖에 없다.

플래티늄 계열과 같은 타이콘 민트는 비료량에 큰 영향을 받지 않는다. 엽록소가 적은 특성상 강한 빛보다는 약 6,000lux 정도의 은은한 빛과 적절한 습도를 유지해 키우면 대형 개체로 자라더라도 아름다운 산반 무늬를 오래 감상할 수 있다.

몬스테라 델리시오사 X 보르시지아나 민트

Monstera Deliciosa X Borsigiana var. Mint Var.

델리시오사와 아종인 보르시지아나 종의 자연 교잡종 : X

이 품종은 시중에서 가장 흔히 볼 수 있는 민트 계열 몬스테라로, 델리시오사보다 줄기가 길고 보르시지아나보다 짧은 중간 형태를 띤다. 두 종이 자연 교배되어 생겨난 것으로 알려져 있으며, 잎에는 녹색과 흰색이 섞인 민트빛 무늬가 나타난다. 무늬 형태에 따라 믹스드 민트와 풀민트로 나뉘는데, 특히 전체가 민트빛으로 물드는 풀민트는 희소성과 아름다움으로 마니아들 사이에서 가장 높은 평가를 받는다.

엽록소가 거의 없어 과습 시 잎이 쉽게 녹을 수 있으므로 물을 준 뒤에는 반드시 환풍기로 수분을 말려야 한다. 잎이 잠시 녹아도 엽맥의 미세한 엽록소가 다시 색을 올려 서서히 안정되며, 새잎은 산반은 줄지만 은은한 녹이 퍼진다. 무늬가 자리 잡기까지 시간이 필요한 품종이다.

몬스테라 델리 X 보르시지아나 민트

풀민트의 추억

Monstera Deliciosa X Deliciosa var. Borsigiana Full Mint

베트남에서 생활한 지 5년째 되던 해, 회사 실적이 좋아 두둑한 성과급을 받았다. 식물을 좋아하는 사람에게 여윳돈이 생기면 선택권은 없다. 식물이다. 그것은 불변의 진리다.

당시 한국에서 희귀 관엽식물이라고 하면 몬스테라 알보 정도가 알려져 있었다. 하지만 나는 희귀 관엽의 메카인 동남아 현지에서 다양한 희귀종을 배양하며 더 특별한 무언가를 찾고 있었다. 그때 마음을 사로잡은 것이 바로 몬스테라 풀민트였다. 자연 상태에서 델리시오사종과 보르시지아나 아종이 교배되어 양쪽 특성을 모두 가진, 말 그대로 세상에 없는 개체였다.

풀민트가 태국의 한 농장에서 발견됐다는 소식을 듣고 연락을 시도했다. 하지만 만나주지 않겠다는 대답뿐이었다. 나름 인정받는 식물 마니아라고 생각했는데 단박에 거절당하니 자존심이 상했다.

그런데 베트남의 한 마니아가 그 개체 전체를 매입해 소장하고 있다는 소식을 들었다. 나는 단숨에 차를 잡아타고 긴 시간을 달려 그의 정원으로 향했다. 풀민트를 소장하고 있던 그는 젊은 나이에 사업으로 큰 성공을 거둔 사람이었고 자신만의 정원도 갖고 있었다. 한국의 모 방송사에서 슈퍼카와 난초를 교환했다고 알려져 유명세를 탔던 바로 그 친구 딘한이었다.

나는 딘한에게 내가 소장한 희귀 난초들과 경력을 설명하며 설득을 시도했다. 그러나 딘한의 답변은 단호했다.

"안 팝니다."

자존심이 상했지만 그래도 포기할 수 없어 두 번째에는 희귀식물과 현금을 들고 다시 찾아갔다. 그러나 그는 꿈쩍도 하지 않았다. 세 번째 방문에서 나는 마지막 카드를 꺼냈다. 전체가 아니라 곧 떨어질 떡잎 한 장만 분양해 달라고 부탁한 것이다. 그제야 딘한은 못 이기는 척 고개를 끄덕였다.

성과급을 몽땅 털어 풀민트 잎 한 장을 들고 돌아오는 길에는 기쁨과 허탈, 그리고 '이걸 아내가 알면 난 끝이다'라는 두려움이 한꺼번에 몰려왔다. 하지만 더 놀라운 일이 그 직후 벌어졌다. 그 잎을 준 딘한의 원 모주 전체가 병으로 죽어버린 것이다. 결국 세상에 단 한 장 남은 풀민트가 내 손에 남게 된 것이다.

나는 40년의 배양 경험을 모두 쏟아부어 그 떡잎에서 새 신아를 받아냈다. 유령처럼 하얗게 올라오던 신엽에서 어느 순간 은은한 녹색 산반이 드러나기 시작했다. 풀민트가 되살아난 순간이었다.

그 뒤 감사의 의미로 새로 받은 신아 한 장을 다시 딘한에게 선물했다. 이후 번식된 풀민트는 베트남과 태국으로 퍼져나갔고, 결국 전 세계 마니아들이 알고 있는 몬스테라 풀민트의 계보가 되었다.

지금 생각해도 놀라운 일이다. 세상에 없던 풀민트의 역사가 그때 내 손에
들고 있던 떡잎 한 장에서 시작되었다는 사실이 말이다.

(상단) 딘한과 함께 | (하단) 딘한과 풀민트를 들고 필자의 집에서

몬스테라 델리시오사 보르시지아나Monstera Deliciosa var Borsigiana

보르시지아나 알보Monstera Deliciosa var Borsigiana var. Albo

　한국에서 몬스테라 알보라고 하면 보르시지아나 알보를 통칭한다. 델리시오사의 아종인 보르시지아나 알보는 델리시오사 원종 품종에 비해 줄기가 최소 2~3배 이상 길며 성장 속도도 2배 이상 빠른 품종이다.

　완전히 자란 잎은 델리시오사 품종에 비해 좀 작은 편이다. 보르시지아나 알보는 보르시지아나 종에서 흰색 무늬가 변이로 나타난 품종으로, 순백의 무늬를 자랑하는 품종이다.

　생장점이 있는 줄기를 물에 담가 뿌리를 내리는 수경재배용 잎도 인기가 높으며, 최근에는 실내 장식 식물로도 많은 사랑을 받고 있다.

보르시지아나 알보

타이거 바(Tiger var.: 산반 무늬가 골고루 든 개체)

보르시지아나 오레아 Monstera Deliciosa var. Borsigiana var. Aurea

보르시지아나 알보가 세상에 알려진
뒤 2020년 초반, 태국에서 새롭게 소개
된 품종이 바로 오레아다. 당시 한국에
서는 몬스테라 하면 흰색 무늬 알보를
떠올리던 시절이라 노란빛 오레아는 큰
반향을 일으켰다. 많은 이들이 이 품종
을 얻기 위해 열광했으며, 한때 생장점
과 기근이 달린 잎 한 장(삽수)이 수백
만 원에 거래되기도 했다. 지금은 대중
적으로 유통되어 누구나 손쉽게 들여오
고 실내에서도 대형 개체로 키울 수 있
는 인기 품종이 되었다.

다만 오레아는 수분에 약하므로 물을
준 뒤에는 반드시 환풍기를 사용해 잎
을 말려야 무늬 부분이 녹지 않는다.

보르시지아나 오레아

그 외 품종

화이트 라바 | 옐로 라바 Monstera Deliciosa var. White Lava / Yellow Lava

화이트 라바와 옐로 라바는 태국의 한 관엽식물 조직배양 실험실에서
탄생한 것으로 알려졌다. 2023년 초 처음 등장했으며, 잎의 독특한 형태와
중앙을 가로지르는 인상적인 무늬 덕분에 외계인의 몬스테라라는 별명을

얻었다. 무늬는 흰색 알보형과 노란빛 오레아형으로 나뉘며, 오레아는 알보보다 빛과 수분에 다소 약한 편이다. 아직 완전히 자란 대형 개체는 드물고 주로 찢잎이 한두 장 나온 중간 크기 개체들이 시장에서 거래되고 있다.

화이트 라바

옐로 라바

메두사Monstera Deliciosa var. Medusa: Thai constellration의 형태 변이종

메두사는 타이콘에서 변이된 품종으로, 잎이 마치 메두사 머리카락처럼 기하학적으로 꼬이며 독특한 형태를 이룬다. 무늬 패턴은 기존 타이콘과 큰 차이는 없다. 하지만 잎의 구조적 특징이 뚜렷해 개성 있는 품종을 선호하는 마니아들 사이에서 꾸준히 주목받고 있다.

메두사

2 버럴막스플레임 Monstera Burle Marx Flame

버럴막스플레임은 2020년 초 한국에 처음 소개되었다. 당시 마니아들 사이에서는 딜라세라타라는 이름으로 불리며 거래되었지만, 정식 명칭은 버럴막스플레임이다.

몬스테라 계열답게 버럴막스플레임은 독특한 찢잎 형태 잎사귀로 많은 식물 애호가들 마음을 사로잡았다. 한때는 꼭 한 번은 품어보고 싶은 식물로 불리며 종자나 삽수를 구하기조차 어려웠지만, 현재는 비교적 쉽게 원종 묘를 구할 수 있게 되었다.

최근 버럴막스플레임의 무늬종이 선보였는데, 일반 식물 애호가에게는 다소 부담스러운 가격이다.

버럴막스플레임은 잎이 두껍고 단단해 마치 플라스틱 책받침을 만지는 듯한 질감을 지녀 성장 속도가 매우 느리다. 어렵게 찢잎 형태로 자라더라도 관리가 소홀하면 새잎에서 다시 찢잎이 사라지는 경우도 있어 세심한 관리가 필요하다.

조도는 너무 어둡거나 강하지 않도록 6,000~8,000lux 빛을 하루 8~10시간 정도 유지해야 하며, 습도는 최소 60% 이상을 확보해야 한다. 건조하면 찢잎이 사라질 수 있으므로 일정한 습도 유지가 중요하다.

버럴막스플레임

오빌리쿠아 페루는 이름에서 알 수 있듯 페루가 원산지이며, 몬스테라 계열 중에서도 독특한 매력을 지닌 품종이다. 잎의 형태와 뚫린 구멍 모양만 보아도 희귀함이 느껴지며, 자연 속에서 어떻게 이런 잎이 만들어졌을까 놀라움을 자아낸다.

일반적인 몬스테라는 잎이 충분히 성장해 성엽이 되어야 특유의 찢잎이 나타난다. 하지만 오빌리쿠아 페루는 다르다. 아주 작은 잎에서도 이미 구멍이 숭숭 뚫린 신엽을 보여주기 때문에 배양하는 이에게 한층 빠르고 특별한 즐거움을 선사하는 품종이다.

잎이 3~4장 정도 자란 뒤 영양 상태가 나쁘거나 빛이 부족하면 잎을 내지 않고 줄기만 길게 뻗는 경향이 있으므로 비료와 빛 관리를 꾸준히 유지해야 한다. 만약 줄기만 계속 길어지는 현상이 나타나면 줄기가 시작된 잎 위쪽을 잘라 새순을 받아내는 과정을 반복하는 것이 좋다.

오빌리쿠아 페루

아단소니 알보 Monstera Adansonii var. Albo

아단소니 알보 무늬종이 동남아시아 관엽 시장에 처음 등장했을 때 필자는 그 독특한 잎과 무늬의 매력에 이끌려 신아 눈도 트지 않은 잎 한 장을 2,000달러에 구입한 적이 있다. 당시 한국에서는 그 몇 배 가격에도 구하기 어려울 만큼 귀한 품종이었다.

하지만 배양 과정은 순탄치 않았다. 하프문(half-moon: 반달 무늬-녹과 무늬가 반반인 개체) 무늬인 관계로 첫 신엽이 무지 잎으로 나오자, 실망과 자책이 동시에 밀려왔다. 그래도 포기하지 않고 무지 잎이 달린 마디를 잘라내 마지막 남은 마디에서 새 신아를 받아냈다.

다행히 새잎은 타이거 바리(전면 산반)로 나왔고, 이후 계속 아름다운 무늬를 가진 신엽들이 피어났다. 무늬 잎을 분양하고 교환하며 이를 통해 아단소니 계열의 오레아와 민트 품종도 손에 넣을 수 있었다.

아단소니 알보

아단소니 알보

아단소니 오레아 Monstera Adansonii var. Aurea

아단소니 오레아 대품

2020년 초 아단소니 알보가 등장하고, 그해 말 무렵 아단소니 오레아가 마니아들 사이에 모습을 드러냈다. 흰색 무늬의 알보도 희귀한데 노란 무늬가 선명한 오레아의 등장은 그야말로 큰 화제였다. 당시 오레아 한 장 가격은 알보 10장 값을 훌쩍 넘을 정도로 높았고 현금이 있어도 구하기 어려운 수준이었다.

다행히 필자는 아단소니 알보를 분양한 자금으로 오레아를 입수해 부담 없이 배양을 즐길 수 있었다. 수태봉을 타고 올라가며 매일 성장하는 아단소니의 모습을 지켜보는 것은 그 자체로 큰 기쁨이었다.

아단소니 오레아

아단소니 민트 Monstera Adansonii var. mint

아단소니 민트는 인도네시아에서 이미 알보와 오레아가 등장하기 전부터 아단소니 무늬종 중 하나로 선별되어 존재해왔다. 그래서 알보와 오레아가 고가로 거래되던 시기, 경제적으로 부담을 느끼던 마니아들이 아단소니 민트를 선택해 아쉬움을 달래며 대품으로 작품을 완성하곤 했다.

아단소니 오레아 출현 이후 진정한 아단소니 민트가 등장해 한때 파라쿠아트(Paraquat)라는 이름으로 최고가에 거래되었다. 그러나 시간이 지나 무늬종 개체수가 늘면서 알보 · 오레아 · 민트 모두 부담 없이 입수할 수 있게 되었다. 어느 무늬가 더 뛰어나다고 단정할 수 없으며, 결국 아름다움은 배양가의 손끝과 정성에 달려 있다.

아단소니 개체는 반드시 수태봉을 활용해야 한다. 화분에서 자란 줄기가 수태봉에 기근을 내리고 붙기 시작하면 잎은 한층 빠르게 크고 넓어진다. 성장 속도를 높이려면 수태봉을 항상 촉촉하게 유지해야 하며 아침저녁으로 스프레이를 해주는 것이 효과적이다.

실내에서는 수태봉을 무한히 세울 수 없으므로 줄기가 충분히 자라면 상단부(탑수)를 3~4장 잎을 남기고 잘라 새로 심는 방식으로 잎을 이어 키우면 된다. 잘라낸 줄기는 기근이 달린 상태로 분리해 물꽂이 후 새 화분에 심으면 번식이 가능하다.

아단소니 인도네시아 민트
(잎이 정형이 아닌 기형임)

파라쿠아트(정형의 민트 개체)

필로덴드론Philodendron

필로덴드론은 브라질과 서인도제도 등 열대 아메리카가 고향인 상록 다년생 식물로 400여 종이 넘는다. 대부분 덩굴성으로 자라며 잎의 형태와 색이 다양해 널리 사랑받고 있다. 줄기는 처음에는 부드럽지만 시간이 지나면서 단단해지고 마디마다 기근이 자라 지지대를 타고 오르는 강한 생명력을 지닌다.

필로덴드론은 자라는 형태에 따라 세 가지로 구분된다. 나무나 지지물을 타고 오르는 등반형, 스스로 곧게 서서 자라는 직립형, 땅을 따라 퍼지는 포복형이다. 대항해 시대 이후 발견된 원종들이 교배를 거치며 수많은 하이브리드 품종이 생겨났는데, 근원종보다 자라는 형태를 기준으로 분류하는 것이 더 명확하다. 필자는 이런 잎의 형태를 중심으로 필로덴드론을 소개하고자 한다.

등반형(Climber) 필로덴드론

에르베스켄스 Philodendron Erubescens

현재 시중에서 유통되는 필로덴드론 무늬종 상당수가 에르베스켄스를 기반으로 탄생했다. 그만큼 에르베스켄스는 필로덴드론 변이종의 중심이 되는 대표 품종이자 다양한 하이브리드와 무늬종의 출발점이라 할 수 있다. 오늘날 필로덴드론 마니아들이 특히 사랑하는 품종들도 에르베스켄스 계열에서 비롯되었다.

에르베스켄스 원종

핑크 프린세스 마블Philodendron Erubescens var. Pink Princess Marble

핑크 프린세스 마블은 핑크 프린세스를 배양하던 중 무늬가 아름답게 퍼진 개체를 선별해 증식한 품종이다. 짙은 녹색 잎 위에 분홍빛 무늬가 고르게 번지는 모습이 매력적이다. 무늬가 균형 있게 섞여 안정적으로 유지되는 개체를 마블이라 부른다. 여기에서 마블 킹, 마블 스플래시, 마블 갤럭시 등 다양한 변형 품종이 탄생했다. 그중에서도 마블 갤럭시는 무늬의 선명함과 희귀성으로 가장 높은 평가를 받는다.

핑크 프린세스 마블

화이트 프린세스 Philodendron Erubescens var. White Princess

화이트 프린세스는 짙은 녹색 잎 위에 선명한 흰색 무늬가 어우러진 우아한 품종이다. 드물게 잎 가장자리에 은은한 분홍빛이 섞여 나오기도 해 한층 부드럽고 고급스러운 인상을 준다. 줄기에도 녹색과 흰색이 조화를 이루며 흰 뿌리 끝이 옅은 핑크빛으로 물들어 전체적으로 세련되고 품격 있는 분위기를 자아낸다.

화이트 프린세스

화이트 위저드 Philodendron Erubescens var. White Wizard

화이트 위저드 마블 유묘

화이트 위저드

화이트 위저드는 짙은 녹색 잎 위에 흰색 무늬가 어우러진 깔끔한 인상의 품종이다. 같은 에르베스켄스 계열의 핑크 프린세스나 화이트 나이트, 화이트 프린세스와 달리 붉은 색소가 전혀 없어 초록과 흰색의 대비가 한층 더 선명하다. 예전에는 붉은 기가 전혀 없는 순수한 색감 덕분에 희귀종으로 높은 평가를 받았으나, 최근에는 화려한 색감을 선호하는 추세로 인해 인기가 다소 줄어든 편이다.

화이트 나이트 Philodendron Erubescens var. White Knight

화이트 나이트는 핑크 프린세스와 화이트 프린세스의 중간형으로, 두 품종의 매력을 고루 지닌 아름다운 개체다. 잎은 은은한 분홍빛을 띠며 그 위로 흰색 무늬가 섬세하게 퍼져 있다. 특히 줄기가 짙고 붉은 갈색을 띠어 잎의 색감과 대조를 이루며 한층 고급스러운 분위기를 자아낸다. 부드러움과 강렬함이 공존하는 색의 조화 덕분에 관엽식물 애호가들 사이에서 꾸준히 사랑받는 품종이다.

화이트 나이트

레드 안데르센 Philodendron Erubescens var. Red Anderson

레드 안데르센

레드 안데르센은 화이트 나이트에서 변이와 선별을 통해 발전된 품종이다. 진한 녹색 잎 위에 흰색과 핑크색이 어우러진 세 가지 색의 조화가 돋보인다. 이런 독특한 색감 덕분에 트라이컬러 품종이라 불린다. 잎마다 무늬가 안정적으로 고정된 개체를 레드 안데르센이라 부르고 별도로 등급을 매긴다. 줄기는 짙은 녹색에 붉은 갈색 무늬가 섞여 있어 전체적으로 깊고 고급스러운 인상을 준다.

스트로베리 셰이크 Philodendron Erubescens var. Strawberry Shake

스트로베리 셰이크는 에르베스켄스 계열 식물 중에서도 희소성이 높은 품종으로 꼽힌다. 다른 에르베스켄스 계열과 달리 잎의 무늬가 노란색을 띠는 것이 특징이다. 바탕색인 녹색과 붉은색이 노란빛과 어우러져 독특한 세 가지 색의 트라이컬러를 만들어낸다. 이러한 색의 조화 덕분에 스트로베리 셰이크는 식물 애호가들에게 꾸준히 사랑받는 인기 품종이다.

스트로베리 셰이크

이 품종은 배양이 쉬워 별다른 손질 없이도 자연스럽게 수형이 잡히는 식물이다. 다만 위로 자라는 등반형이므로 반드시 수태봉을 세워주어야 하며, 수태봉이 일정한 습도를 유지해야 잎의 무늬와 생장이 안정적으로 유지된다. 풍성한 잎과 무늬를 함께 즐길 수 있어 희귀 관엽식물 입문자에게 특히 추천할 만한 품종이다.

위플웨이 var. Philodendron WhippleWay var.

위플웨이

위플웨이는 에르베스켄스 속 식물들 잎을 닮았다. 하지만 잎줄기가 더 짧고 잎이 비파형 청동검처럼 길고 둥근 타원형을 띠어 형태에서 뚜렷한 차이를 보인다. 가장 큰 매력은 잎의 무늬와 색이다. 연분홍빛 바탕 위로 잔잔한 민트색 점들이 은하수처럼 흩뿌려져 있어 마치 자연이 그린 추상화를 보는 듯하다. 무늬는 믹스드 민트와 풀민트로 구분되며, 그중에서도 풀민트가 가장 아름다운 색감을 자랑한다.

카라멜 마블 Philodendron Caramel Marble

카라멜 마블 var. Philodendron Caramel Marble var.

카라멜 마블은 크고 풍성하게 자라는 품종으로 희귀식물 애호가들 사이에서 꾸준히 사랑받고 있다. 과거에는 링 오브 파이어를 카라멜 마블로 속여 유통하던 때도 있었다. 하지만 지금은 유통 체계가 확립되어 그런 혼란은 거의 없다.

두 품종의 가장 큰 차이는 잎 형태에 있다. 카라멜 마블은 잎이 자랄수록 폭이 넓어져 최대 20~30cm까지 커진다. 반면 링 오브 파이어는 10cm를 넘기기 어렵다. 배양 중 무늬가 사라져 잎이 무지나 고스트(유령)로 변할 수 있으므로 새잎이 두 장 이상 연속 무지로 나오면 줄기를 잘라 새순을 받아 키우는 것이 좋다.

카라멜 마블 var.

카라멜 마블 파이어 타이거 Philodendron Carmel marble var. fire tiger

　카라멜 마블의 조직배양 과정에서 선별된 이 품종은 이름처럼 불꽃을 연상시키는 선명한 붉은빛이 인상적이다. 잎마다 고르게 퍼진 무늬가 아름답다. 아직은 유묘 단계이지만 높은 관심과 함께 고가에 거래되고 있다. 배양은 어렵지 않으며 기존 카라멜 마블보다 줄기가 다소 짧은 편이다.

카라멜 마블 var. 파이어 타이거

링 오브 파이어 Philodendron Ring of Fire

링 오브 파이어는 톱날처럼 길고 뾰족한 잎 모양이 인상적인, 개성이 뚜렷한 필로덴드론이다. 비교적 합리적인 가격으로 구할 수 있어 많은 애호가에게 사랑받으며, 무늬의 안정성과 화려한 색감 덕분에 관상 가치가 높다. 성체는 보통 높이 60~70cm, 폭 20cm 안팎으로 자란다. 최근에는 잔잔한 무늬가 고르게 퍼진 마블 품종이 등장해 새로운 인기를 얻고 있다.

링 오브 파이어(일반)

링 오브 파이어 오레아 Philodendron Ring of Fire var. aurea

카라멜 마블보다 잎 폭이 좁은 링 오브 파이어는 본래 잎 전체에 잔잔한 산반 무늬가 깔린 형태를 띤다. 그중 오레아 품종은 기존의 산반 무늬가 사라지고 잎 가장자리는 선명한 짙은 녹색에 무늬 지분은 노란빛이 가득한 형태로 변이된 개체다.

링 오브 파이어 var. 오레아

링 오브 파이어 골든 Philodendron Ring of Fire var. golden

링 오브 파이어의 조직배양 과정에서 선별된 이 개체는 연둣빛 형광색을 띠며, 언뜻 보면 고스트 품종처럼 보일 만큼 밝은 빛을 낸다. 그러나 잎 속에는 엽록소가 고르게 퍼져 있어 배양이 어렵지 않다. 실내 공간을 환하고 화려하게 연출하고 싶을 때 한 번쯤 길러볼 만한 매력적인 품종이다.

링 오브 파이어 var. 골든

밥씨 Philodendron Bobcee var.

이 품종은 카라멜 마블이나 링 오브 파이어와 비슷한 계열의 하이브리드 품종으로 추정된다. 대형 개체의 경우 잎이 최대 1m까지 자라며 튼튼하고 병충해에 강해 키우기 쉽다. 팬데믹 전후 등장한 전면 산반 무늬종이 큰 주목을 받으며 마니아들 관심을 끌었다. 특히 붉은색이 없는 순수한 초록, 진초록, 연초록, 노란색이 섞인 3색 마블 무늬가 독특해 지금까지도 꾸준한 인기를 얻고 있다.

밥씨 var.

필로덴드론 골든 드래곤Philodendron Golden Dragon

골든 드래곤 알보Philodendron Golden Dragon var. albo

지금까지 수많은 관엽식물과 난초를 배양해왔지만, 그중에서도 가장 까다로운 품종이 골든 드래곤 알보다. 무늬가 사라졌다가 새잎에서 다시 나타나는 등 예측하기 어려운 특성을 보여 화려한 외형과 달리 무늬의 지속성 면에서는 안정적이지 않다.

시중의 대부분 골든 드래곤 알보는 타이거 바리가 아닌 한쪽에만 무늬가 몰린 하프문(원평호) 형태로, 새잎이 녹색 무지나 완전 흰색 고스트로 나오는 경우가 많다. 그러니 입수할 때는 무늬가 일정하게 고정된 개체나 줄기에 바코드처럼 무늬가 여러 줄 있는 개체를 선택하는 것이 중요하다.

배양 중 무늬가 사라졌다면 밝은 곳에서 광량을 높여 무늬 발현을 유도하고, 반대로 흰색이 지나치게 많아졌다면 약간 그늘진 곳으로 옮겨 녹색 잎의 회복을 시도할 수 있다. 그래도 회복되지 않는다면 무지 부분을 잘라내고 새순을 받아 키우는 것이 가장 확실한 방법이다.

골든 드래곤 var. 알보

골든 드래곤 오레아 Philodendron Golden Dragon var. aurea

　골든 드래곤 알보가 등장한 지 약 1년 뒤인 2021년경 시장에 나온 품종이다. 보통 신품종은 가격이 높지만, 알보 무늬가 워낙 화려하고 오레아의 노란 무늬가 옅어 초기에는 더 낮은 가격에 거래되었다. 알보가 무늬 고정성이 낮은 반면, 오레아는 안정적인 무늬로 대주로 키워도 꾸준한 아름다움을 유지했다.

　한때 마니아들의 큰 사랑을 받았지만, 좋은 개체가 많이 늘어나며 희소성이 줄었다. 지금은 비교적 쉽게 구할 수 있는 대중 품종이 되었고, 정성껏 키우면 멋진 대품으로 성장시킬 수 있는 매력적인 식물이다.

골든 드래곤 var. 오레아

골든 드래곤 라임 피들 Philodendron Golden Dragon var. lime fiddle

골든 드래곤 var. 라임 피들

골든 드래곤 알보나 오레아보다 더 이른 시기에 등장한 품종으로, 짙은 녹색 잎 위에 연두색 산반 무늬가 잔잔히 퍼져 있는 것이 특징이다. 새잎이 나올 때마다 무늬가 안정적으로 유지되며 삽목 후 새순이 자라도 변함없는 무늬를 보인다.

골든 드래곤 계열을 수집하는 마니아들에게는 필수 아이템으로, 한 화분쯤 들여 놓으면 구색이 완성된다. 새로운 변이나 무늬 변화는 거의 없지만 꾸준하고 안정적인 무늬를 감상하기에 좋은 품종이다.

비페니폴리움 Philodendron Bipennifolium

비페니폴리움은 잎 모양이 바이올린을 닮았다 하여 인도차이나 지역 마니아들 사이에서 바이올론이라 불린다. 성체가 되면 잎 형태가 실제 바이올린을 연상시키며, 보는 이에 따라 말 머리나 깃털처럼 보이기도 한다. 이렇게 다양한 이미지를 떠올리게 하는 점이 비페니폴리움의 독특한 매력이다.

비페니폴리움 var. Philodendron Bipennifolium var.

비페니폴리움 무늬종은 새잎이 처음 전개될 때는 연녹색을 띠며, 시간이 지나면서 점차 노란색으로 변한다. 배양 중 간혹 오레아(노란색)와 알보(흰색)

무늬가 함께 나타나기도 하지만, 아직 트라이컬러 형태로 고정된 사례는 확인되지 않았다. 다만 가끔 식물이 예기치 않게 새로운 무늬를 선물하듯 보여줄 때도 있어 그 변화의 순간을 기대하며 키워볼 만한 품종이다.

비페니폴리움 var.

조에피 Philodendron Joepii

조에피는 비파형 청동검이나 작은 우주선을 닮은 독특한 잎 모양으로 초보자부터 마니아까지 폭넓은 층에게 사랑받는 품종이다. 자연 변이로 생긴 무늬종은 그린 온 그린이라 불리며, 강한 빛 아래에서 짙은 녹색과 연녹색 대비가 뚜렷하다. 최근 조직배양으로 흰색 무늬 알보가 시도되고 있으나 고정되지 않았고 노란 무늬 오레아 품종만 제한적으로 배양되고 있다.

어릴 때는 성장 속도가 빠르지만, 성체가 되면 줄기가 목질화[1]되어 천천히

---

1 나무처럼 단단해지는 현상

단단해진다. 증식을 원한다면 줄기가 단단해지기 전 중간 크기 묘목일 때 절단해 번식하는 것이 좋다.

조에피 var. 오레아 Philodendron Joepii var. aurea

조에피 var. 오레아

조에피의 생장점을 무균 배양하던 중 베트남의 한 실험실에서 선별된 개체다. 이후 태국으로 전해져 마니아들 사이에서 열광적으로 배양되는 품종이다. 현재도 고가에 거래되며, 묘종이 아닌 성엽 오레아 무늬종은 국내에서 보기 드문 희귀종이다.

새잎이 펼쳐질 때는 녹색의 농담 차이로 무늬 유무를 어느 정도 구분할 수 있고, 잎이 완전히 전개된 후 약 한 달이 지나면 노란빛 무늬가 익으며 완성된다.

홀토니아눔 var. Philodendron holtonianum var.

중세의 검을 연상시키는 독특한 잎 형태로 무늬가 없는 개체도 한때 귀했던 품종이다. 하지만 최근에는 무늬종이 등장해 마니아들의 큰 관심을 받고 있다. 특히 무늬의 고정성이 뛰어나 배양 중에도 꾸준히 아름다움을 유지하며 키우는 즐거움을 주는 식물이다.

새로운 무늬종을 멋지게 대주로 키워보고 싶은 이들에게 홀토니아눔은 최고의 선택이라 할 만하다. 짧은 기간 안에 화려한 무늬를 유지한 대품으로 성장시키기 쉬운 필로덴드론 중에서도 손꼽히는 매력적인 품종이다.

조에피와 홀토니아눔은 건조에 강하고 성장도 빠르지만 성묘가 되면 줄기가 굵어지며 성장 속도가 느려진다. 이때 대품으로 키울지, 분리해 증식할지 결정해야 한다.

홀토니아눔 var.

남미 정글과 고원지대에서 자라는 매우 희귀한 필로덴드론으로, 오랫동안 전설의 식물로 불려왔다. 최근 조직배양에 성공하며 소량 유통되기 시작했지만, 여전히 고가에 거래되며 식물 애호가들의 꿈의 품종으로 꼽힌다.

잎은 길고 세련된 세형무늬 청동검 형태로, 끝부분에 짧은 두 개의 뿔이 나 있어 신비로운 인상을 준다. 잎 형태에 따라 넓은 와이드 폼(희귀도 중)과 좁은 내로우 폼(희귀도 상)으로 구분하며, 잎 뒷면이 붉은빛을 띠는 내로우 폼은 특히 희소하다.

스피리투스 상티

미니 상티라 불릴 만큼 스피리투스 상티와 매우 닮은 품종이다. 다만 상티가 다 자라면 잎끝의 뿔 모양이 뚜렷해지고 길이가 60~70cm까지 자라는 반면, 아타바는 그 절반 정도 크기로 성장한다.

무늬종은 붉은 바탕에 노란색이 들어간 오레아와 흰색이 섞인 알보 두 종류로 나뉘며, 그중 알보는 개체 수가 적어 더욱 희귀하게 취급된다.

아타바 알보

페트리시아 **Philodendron Patricia var.**

페트리시아는 등반형 품종이지만 성장하면서 잎이 점점 길고 넓어지기 때문에 줄기의 성장은 크게 눈에 띄지 않는다. 꾸준한 잎 성장을 위해서는 줄기를 지지대에 고정해 기근이 자연스럽게 지주 봉에 붙도록 해주는 것이 좋다. 이렇게 하면 오랫동안 안정된 아름다움을 유지할 수 있다.

최근에는 전면 산반의 오레아 무늬종이 등장해 마니아들 관심을 끌고 있으며, 비교적 합리적인 가격으로 입수 가능한 품종이다.

상티와 페트리시아는 공중 습도에 민감해 건조하면 잎이 짧고 좁아지며 농약에도 약하므로 비오킬 외의 일반 농약 사용은 피하는 것이 좋다. 약해를 입으면 회복에 두 달 이상 걸릴 수 있다.

페트리시아 | 페트리시아 오레아 |

꾸준한 무늬와 강한 생명력으로 키우는 이에게 늘 만족을 주는 품종이다. 병충해에 강하고 특별한 관리 없이도 건강하게 자라지만, 그 왕성한 성장력이 오히려 부담될 때도 있다. 반년 만에 천장에 닿을 만큼 빠르게 자라기 때문이다. 키우다 보면 내가 식물을 기르는 건지, 식물이 나를 기르는 건지 헷갈릴 만큼 존재감이 강한 품종이다.

파라이소 베르데

스쿠아미페럼 Philodendron Squamiferum

나비 날개를 닮은 잎 모양이 인상적이며 줄기에 잔털이 나 있어 다른 품종과 쉽게 구분된다. 이 털은 낮은 온도에서도 생육할 수 있도록 진화한 결과, 비교적 온화한 환경을 선호한다. 반대로 고온에는 약한 편이므로 배양 시 온도 관리에 유의해야 한다.

스쿠아미페럼 var. 알보 Philodendron Squamiferum var. albo

　설백의 알보 무늬가 매력적인 품종으로, 한때 일부 마니아들이 배양했으나 무늬의 고정성이 낮아 현재 대형 개체는 거의 찾아보기 어렵다. 최근 시중에 고가로 거래되는 개체들도 대부분 전면 산반형(타이거 바리)이 아닌 하프문형(원평호)으로, 무늬 쏠림이나 녹색지분 증가로 인해 무늬가 오래 유지되지 않는다. 아무리 희귀한 품종이라도 무늬 지속성이 없다면 구매는 신중해야 한다.

스쿠아미페럼 알보

스쿠아미페럼 알보가 남긴 소중한 추억

한때 희귀 관엽식물 마니아들 사이에서 "스쿠아미페럼 무늬종을 손에 넣으면 관엽판을 흔들 수 있다"라는 말이 떠돌았다. 누구도 실제로 본 적은 없지만, 입에서 입으로 전해지며 전설처럼 회자되던 식물이었다.

그러던 2019년 초, 호주의 한 희귀 관엽 배양가로부터 연락이 왔다. 자신이 그 스쿠아미페럼 알보를 가지고 있다는 것이다. 사진을 보는 순간 심장이 멎는 듯했다. 설백 무늬가 반짝이며 절대 반지라 부를 만한 완벽한 잎사귀였다. 그는 내가 가지고 있던 몬스테라 델리시오사 민트와의 교환을 제안했다. 당시 델리시오사 민트는 부르는 게 값일 만큼 귀했다. 하지만 내게는 민트가 몇 장 더 있었기에 망설임 없이 호주로 보냈다. 그 역시 베트남에 있던 내게 스쿠아미페럼 알보를 보내왔다.

도착한 실물을 처음 마주했는데 사진보다 더 눈부셨다. 그 설렘과 황홀함을 지금도 잊을 수 없다. 그런데 얼마 지나지 않아 모주 잎이 시들기 시작했다. 새잎이 나와도 무늬가 없는 무지잎뿐이었다. 배양 지식도, 도움을 구할 사람도 없어 결국 무늬를 되살리지 못한 채 식물은 사라졌다. 관엽 생활 중 느낀 가장 큰 상실감이었다.

식물로 받은 상처는 또 식물로 치유된다고 했던가. 그때 스쿠아미페럼 알보와 함께 덤으로 받은 생소한 식물이 하나 있었다. 그게 바로 일세마니였다. 당시엔 별다른 기대가 없었다. 하지만 1년 뒤 팬데믹이 시작되면서 상황이 달라졌다.

코로나로 세상이 멈추자, 사람들은 집 안에 초록을 들이기 시작했다. 그리고 관엽식물 중에서도 특히 희귀종이 폭발적인 관심을 끌었다. 그 무렵 베트남과 태국 마니아들 사이에서 "누군가 일세마니를 가지고 있다"라는 소문이 돌았다. 그 주인공이 바로 나였다. 내가 가지고 있던 일세마니는 그야말로 전설이 되었다.

사람들이 고립 속에서 위안을 찾고자 식물을 들일 때 일세마니의 독특한 무늬는 마치 생명의 메시지처럼 사람들 마음을 사로잡았다. 수출입이 막히면서 희귀식물의 가치는 폭등했다. 일세마니 한 포트 값이 베트남의 서민 주택 한 채 가격에 이를 정도로 치솟았다.

스쿠아미페럼 알보는 내 손에서 사라졌지만, 그 대신 일세마니라는 더 귀한 인연을 얻었다. 그 덕분에 다시 식물에 대한 열정을 되찾았다. 또한 많은 마니아와 새로운 교류를 이어가며 경제적 보상도 얻게 되었다.

지금은 웬만한 희귀 관엽식물도 누구나 마음만 먹으면 들일 수 있는 시대가 되었다. 하지만 그 시절을 떠올리면 여전히 웃음이 난다. 옛날 옛적 이야기처럼 아득하고도 따뜻한 기억으로 입가에 미소가 스민다. 그때의 나는 한 잎의 식물에 세상의 모든 설렘과 사랑을 걸고 살았다. 그리고 지금도 그 마음은 변함없다. 식물은 여전히 내게 삶의 기쁨을 주는 동반자다.

Philodendron
Ilsemanii

스쿠아미페럼 var. 오레아 Philodendron Squamiferum var. aurea

    2022년경 희귀 관엽식물 시장에 등장해 마니아들 사이에서 거래되기 시작한 품종이다. 그러나 먼저 출시된 알보 무늬에 비해 색 대비가 뚜렷하지 않아 알보만큼의 고가를 형성하지는 못했다. 그렇다고 쉽게 구입할 수 있는

스쿠아미페럼 오레아

수준도 아니다.

오레아 역시 전면 산반형(타이거 바리)이 아닌 하프문형(원평호) 무늬를 지녀 배양 중 무늬가 사라지거나 반대로 고스트처럼 전부 흰색으로 변하는 등 다양한 변화를 보인다. 언젠가 스쿠아미페럼에서도 안정적인 타이거 바리 무늬의 알보와 오레아가 탄생해 많은 이들의 사랑을 받길 기대한다.

플로리다뷰티 var. **Philodendron Florida beauty var.**

필로덴드론 계열의 희귀 관엽식물 중 대모(大母)라 불
릴 만큼 상징적인 품종이다. 이제는 고전 명품의 반열에
올랐다고 할 수 있다. 플로리다뷰티가 처음 공개되었을
때 태국에서는 가재를 닮았다 하고 베트남에서는 새우나
한치를 닮았다며 자신들이 즐겨 먹는 해산물에 빗대어
이야기하곤 했다. 그만큼 사람들 시선을 사로잡는 독특
한 형태다.

줄기에는 솜털보다 굵은 털이 나 있어 다소 서늘한 환경
에서도 잘 견딘다. 털이 있다는 건 배양 시 15도 정도까지
내려가도 큰 문제가 없음을 의미한다.

필자는 이 식물을 거실에서 천장 가까이 대주로 키우
며 꽃을 피우고 종자 결실까지 확인했다. 배양이 까다롭
지 않고 비용도 비교적 저렴하다. 무엇보다 잎마다 균형
잡힌 무늬가 고르게 나타나 사계절 내내 감상할 수 있는,
아름답고 믿음직한 품종이다.

플로리다뷰티 대품

마요이 var. **Philodendron Mayoi var.**

이 품종은 고전 필로덴드론 중 하나로, 강건하며 생육이 왕성하고 병충해
에도 강하다. 이러한 특성 덕분에 여러 하이브리드 품종의 기초가 되었다.
최근에는 조직배양 중 무늬종이 선별되면서 희귀 관엽식물 애호가들 관심
을 받고 있다. 동남아시아에서는 비교적 구하기 쉬우나 국내에서는 아직 무
늬 마요이 수입과 거래가 제한적이다.

마요이 무지

마요이 오레아

토텀의 외형은 마치 소철을 닮았지만, 소철 잎이 단단하고 뾰족한 반면 토텀 잎은 매우 부드럽고 쉽게 부러질 정도로 약하다. 그래서 관주할 때 샤워기나 물조리개가 잎에 닿지 않도록 주의해야 한다. 손으로 만질 때도 섬세한 다룸이 필요하다.

일반적인 필로덴드론이 넓고 큰 잎을 가지는 것과 달리, 토텀은 하이브리드 과정에서 인위적으로 잎이 좁고 길게 개량된 품종이다. 이로 인해 좁은 잎이 광합성과 수분 저장을 모두 담당하면서 잎 조직이 두꺼워진 것이 특징이다.

2023년 조직배양 과정에서 무늬종이 선별되었으며 동남아시아에서는 이미 거래가 활발하다. 그러나 한국에서는 아직 무늬종 토텀이 귀해 고가에 거래되고 있다.

토텀 var.

PART 02 | 관엽식물의 매력 | 필로덴드론Philodendron

버럴막스 Philodendron Burle marx

　버럴막스는 사무실이나 실내 장식용으로 자주 사용되는 친숙한 품종이다. 무늬 없는 일반형은 주변에서 쉽게 볼 수 있으며, 관엽식물을 처음 키우는 사람들이 실패 없이 시작하기 좋은 식물로 손꼽힌다.
　물꽂이로도 잘 자라지만 수태나 배양토에 심으면 성장 속도가 두 배 이상 빨라진다. 빛과 비료 관리를 적절히 해주면 잎이 배추처럼 크게 자라며 키우는 즐거움을 한껏 느낄 수 있는 품종이다.

버럴막스 var. 오레아 Philodendron Burle marx var. aurea

오레아는 원 버럴막스의 녹색 잎에 연두색 또는 노란색 무늬가 더해진 품종이다. 새잎이 처음 전개될 때는 연두색을 띠지만 3~4일이 지나면 황색으로 안정된다.
　버럴막스는 낮은 조도에서도 잘 자라지만, 빛이 부족하면 새잎 무늬가 사라지거나 잎이 얇아질 수 있다. 따라서 적절한 밝기를 유지해야 안정적인 무늬를 감상할 수 있다. 만약 무늬가 없는 새잎이 나왔다면 그 아래 줄기를 잘라 새순을 유도하면 된다. 버럴막스는 신아 형성이 뛰어나 이 방법으로 쉽게 새로운 무늬를 복원할 수 있다.

버럴막스 오레아

버럴막스 var. 민트 Philodendron Burle marx var. mint

버럴막스 민트는 2021년 팬데믹 시기 베트남의 실험실에서 조직배양 중 선별된 품종으로, 독특하고 세련된 무늬 패턴 덕분에 많은 애호가들 관심을 모았다.

다만 새잎이 전개될 때 무늬가 사라지는 경우가 있어 지속적인 관리가 필요하다. 빛이 부족하거나 비료 관리가 소홀하면 녹색 무지 또는 오레아 무늬 잎이 올라올 수 있다. 민트 무늬가 사라진 신엽이 나왔다면 즉시 줄기를 잘라 새순을 유도해야 무늬를 복원할 수 있다.

버럴막스 민트

멜라노크리섬 Philodendron Melanochrysum

　멜라노크리섬은 글로리오숨 계열의 소형종으로 성장 속도가 빠른 편이다. 글로리오숨이 포복형(Creeper)인 데 비해 멜라노크리섬은 전혀 다른 형태로 자라 생명의 다양성과 예외성을 실감하게 한다.

　한때는 흔해 선물로 주고받던 품종이었다. 하지만 최근 무늬종이 등장하며 다시 주목받고 있다. 특히 세 가지 색이 어우러진 트라이컬러 개체는 희귀성과 아름다움 면에서 최고로 평가받으며 애호가들 수집 대상이 되고 있다.

멜라노크리섬

트라이컬러

바르세비치 var. Philodendron Warscewiczii var.

　바르세비치는 배추나 큰 상추를 닮은 잎 모양 혹은 마요이 잎이 덜 찢어진 듯한 형태로 독특한 인상을 주는 품종이다. 이런 개성 덕분에 특이한 필로덴드론을 선호하는 마니아들에게 꾸준히 사랑받고 있다.

　일반 녹색 개체나 형광빛 잎은 흔하지만, 배양 중 자연 변이로 생긴 무늬종은 희귀해 귀하게 취급된다. 특히 잎 전체가 은은한 민트빛으로 물든 풀민트 개체는 원종보다 높은 가치를 지닌다.

　민트 무늬는 강한 빛에 약하지만, 바르세비치는 비교적 강광에도 잘 적응하며 배양이 쉽다. 잎은 길이 50cm, 폭 35cm까지 자라며 삼각형 잎의 유려한 선이 돋보이는 아름다운 품종이다.

바르세비치 민트

필로덴드론 중 직립형은 덩굴형(등반형·포복형)보다 개체수가 적다. 그만큼 존재감이 크다. 일부 마니아들은 이런 직립형 필로덴드론만 선별해 수집하기도 한다.

직립형의 장점은 실내에서 높이나 공간의 제약을 덜 받는다는 점이다. 다만 잎이 사방으로 넓게 퍼지기 때문에 많은 개체를 함께 배양하기는 어렵다.

블랙 카디널 Philodendron Erubescens var. Black Cardinal

블랙 카디널은 에르베스켄스 계열 중에서도 가장 희귀한 품종으로, 검은색에 가까운 짙은 녹색 잎이 고급스러운 인상을 준다. 잎에는 연한 갈색이나 노란빛이 섞여 깊이감이 더해진다. 빛과 비료 조건에 따라 색의 선명도가 달라지며, 희귀하지만 생육이 강해 키우기 쉽다.

잎 형태에 따라 No.1과 No.2로 나뉜다. 전형적인 에르베스켄스형 잎에 검갈색 무늬가 있는 개체가 No.1이고, 잎이 둥글고 환엽형으로 변이된 것이 No.2다. 초기엔 No.1 모주의 고사로 인해 No.2 증식이 많아지며 가격이 역전되었지만, 현재는 두 품종 가격 차이가 거의 없다.

블랙 카디널 No.1

블랙 카디널 No.2

189

빌리에티에 var. Philodendron Billietiae var.

빌리에티에는 필로덴드론으로 분류되지만, 줄기 마디가 짧고 시간이 지나면 단단하게 목질화되는 등 타우마토필럼의 특징도 함께 지닌다.

줄기 성장은 느리지만 잎은 최대 1m까지 자라 공간을 압도할 만큼 웅장하다. 한국에서는 환경상 대품으로 키우기 어렵지만, 일부 애호가들은 훌륭히 배양해 해외 마니아들에게도 주목받고 있다. 겉보기와 달리 병에는 강해 특히 뿌리썩음병과 탄저병에 대한 내성이 높아 관리가 쉬운 편이다.

2020년만 해도 삽수 한 장이 수백만 원을 호가했으나 개체수가 늘면서 접

빌리에티에 var.

근성이 크게 좋아졌다. 삽목과 조직배양으로 번식할 수 있지만, 무늬가 일정하게 유지되진 않아 안정적인 무늬 개체를 얻기는 여전히 쉽지 않다. 최근 민트와 알보 변이종이 등장했어도 클래식한 무늬의 고전 빌리에티에는 여전히 가장 아름다운 품종으로 사랑받는다.

타테이 Philodendron tatei K.Krause

타테이는 남아메리카 원산의 순수한 직립형 필로덴드론으로, 대부분의 직립

빌리에티에 var. 민트

형 품종이 이 종과의 교잡을 통해 만들어졌다. 강건하고 그늘에서도 잘 자란다. 건조에 강하지만 물을 과하게 주면 잎과 줄기가 녹을 수 있으니 주의해야 한다.

줄기와 새잎은 붉은빛을 띠지만 시간이 지나면 짙은 녹색으로 변하며 묵직한 존재감을 드러낸다. 다 성장한 개체는 잎이 50~60cm까지 자라 사방으로 펼쳐지는 수형이 아름답다. 현재 순수 원종의 타테이는 드물며, 시중에서는 교잡된 개체가 타테이로 거래되는 경우가 많다.

임페리얼 레드 Philodendron Imperial red

임페리얼 레드는 타테이를 기반으로 교잡된 품종이다. 오래전부터 인도차이나반도 여러 나라에서 가정과 사무실, 학교, 공공기관의 실내 장식용 식물로 널리 사랑받아왔다. 실내 습도 조절과 공기 정화 효과로 알려져 있지만, 이는 임페리얼 레드만의 특징이라기보다 대부분의 아로이드 식물이 지닌 공통된 특성이다.

새잎이 전개될 때 짙은 붉은빛을 띠며, 잎이 완전히 펼쳐진 뒤에는 짙은 초록색으로 변한다. 타테이에 비해 줄기의 붉은색이 더 밝고 잎이 좁고 길며 끝이 뾰족하다. 반대로 잎이 넓고 끝이 둥글며 잎맥의 골이 깊다면 타테이에 가깝다. 육안으로는 거의 비슷해 보이지만 두 식물 모두 붉고 짙은 초록빛의 조화와 수형의 아름다움을 즐기기에 충분하다. 최근 태국에서 무늬종 임페리얼 레드가 선별되어 소수 애호가 사이에서 배양되고 있다.

레드 콩고 var. Philodendron Red Congo var.

레드 콩고를 조직배양하던 중 선별된 무늬종으로, 2020년 초 처음 공개되자마자 마니아들 사이에서 큰 화제를 모았다. 당시에는 개체수가 적어 수백

만 원에 거래되기도 했으나 현재는 개체수가 늘어나 누구나 배양할 수 있는 품종이 되었다.

붉은 바탕에 은은한 핑크빛 무늬가 어우러져 고급스럽고 따뜻한 인상을 주며, 달콤한 첫사랑을 떠올리게 하는 매력적인 품종이다.

레드 콩고

Philodendron Red Congo

레드 콩고는 직립형 필로덴드론의 대표 품종으로 타테이와 임페리얼 레드의 교잡을 통해 탄생했다. 타테이의 강건함과 중량감, 임페리얼 레드의 고급스러운 붉은빛을 함께 지닌 품종이다.

현재 동남아시아 휴양지나 공원에 식재된 대부분의 직립형 필로덴드론이 바로 이 레드 콩고다. 무늬는 없지만 두 원종의 우수한 유전자를 이어받아 특별한 관리 없이도 잘 자라며 병충해에도 강한 점이 큰 장점이다.

레드 콩고 var.

그린 콩고 / 옐로 콩고 Philodendron Green Congo / Yellow Congo

　그린 콩고는 실험실에서 레드 콩고를 배양하던 중 붉은색이 전혀 없는 개체가 선별되면서 탄생한 품종이다. 이후 그중 무늬가 들어간 개체가 다시 선별되어 대중에게 소개되었다.

　일반적으로 직립형 필로덴드론은 붉거나 어두운 색조를 띠지만, 그린 콩고는 밝고 산뜻한 연녹색 잎으로 편안한 인상을 준다. 배양 환경에 따라 연초록빛이 황색의 오레아 톤으로 변하기도 해 옐로 콩고라 부르기도 한다. 그러나 처음 공개 당시의 이름인 그린 콩고가 레드 콩고와 구별되는 이름으로 자리 잡아 지금도 마니아들 사이에서는 그린 콩고로 불린다.

그린 콩고 var.

아톰 오레아는 아로이드 계열 중 가장 작은 희귀 관엽식물이라 할 수 있다. 알로카시아나 안스리움 등 직립형 식물을 포함해도 미니멀의 정점에 있는 품종이다. 작은 양상추처럼 초록 잎이 오글오글 주름진 모습이 특징이며, 다 자란 잎도 10cm를 넘지 않는다. 줄기가 천천히 조밀하게 자라 스스로 서는 자립형 필로덴드론이다.

무지 개체는 이미 대중화되었다. 하지만 성장 속도가 느려 무늬종 오레아는 7~8년이 지난 지금도 수량이 적다. 잘 자라지 않는다고 비료를 과하게 주면 흡수율이 떨어지고 오히려 비료 장애가 생길 수 있다. 원래 그런 특성을 가진 식물이니 미니멀한 아름다움을 즐기며 마음 편히 배양하는 것이 좋다. 필로덴드론 마니아들에게는 꼭 소장해야 할 희귀 소품종으로 꼽히지만, 쉽게 구하기 어려운 귀한 식물이다.

아톰 var. 오레아

글로리오섬 Philodendron Gloriosum

글로리오섬은 부드러운 하트형의 넓고 둥근 잎이 매력적인 포복형 필로덴드론이다. 예전에는 잎맥 · 줄기 색 · 잔털 등 미세한 차이와 원산지별 특징이 감상 기준이었다. 하지만 최근엔 다양한 무늬종의 등장으로 무늬 형태와 색이 핵심 감상 포인트가 되었다. 다만 무늬종은 희귀하고 무늬가 안정적으로 유지되는 개체를 찾기는 쉽지 않다.

글로리오섬 var. 알보 Philodendron Gloriosum var. albo

글로리오섬 알보는 배양 중 흰색 무늬가 나타난 개체에서 줄기를 절단해 새순을 유도하며 선별된 희귀 무늬종이다. 초기에는 대부분 하프문(원평호) 형태로 새잎마다 안정적인 무늬를 유지하기 어려웠다.

필자 역시 거금을 들여 알보 하프문 개체를 입수했지만, 첫 신엽이 무지로 나와 큰 실망을 겪었다. 다행히 다음 새잎에서 다시 무늬가 발현되어 줄기를 자르지 않고 그대로 유지할 수 있었다. 이후 장인어른 농장으로 옮겨 안정적인 무늬 줄기를 선별했고, 현재는 꾸준히 아름다운 알보 무늬의 글로리오섬을 증식하는 중이다.

글로리오섬 알보

PART 02 | 관엽식물의 매력 | 필로덴드론Philodendron

글로리오섬 var. 오레아

Philodendron Gloriosum var. aurea

태국의 실험실에서 조직배양 중 노란색 무늬가 나타난 개체를 선별해 탄생한 품종이다. 2022년경 시장에 공개되었으며, 초기부터 무늬가 안정적으로 유지되는 타이거 바리형으로 주목받았다. 이후 마니아들이 대량 증식에 성공하면서 현재는 비교적 합리적인 가격에 거래되고 있다.

물론 일반 무지 글로리오섬보다는 여전히 고가지만, 한때 희귀종으로 불리던 오레아 무늬를 지금 가격으로 만날 수 있다는 것은 당시엔 상상도 못할 일이었다.

글로리오섬 오레아

글로리오섬 var. 민트 Philodendron Gloriosum var. mint

　필자는 베트남 중부에 있는 장인어른 커피 농장 옆 하우스에, 실내에서 키우던 희귀식물 중 충분히 자란 대품들을 옮겨 배양하고 있다. 글로리오섬도 예외가 아니었다. 인도네시아, 태국, 베트남, 호주 등지에서 수집한 여러 개체를 농장에 모아 배양하던 중, 호주산 글로리오섬 신엽에서 잔잔한 산반 무늬를 발견했다. 이를 처남이 확인하고 마디를 절단해 증식한 것이 바로 글로리오섬 민트다. 붉거나 핑크빛 줄기의 매력이 돋보이는 호주산 특성에 민트 무늬가 더해져 감상 가치가 한층 높아진 품종이다.

PART 02 | 관엽식물의 매력 | 필로덴드론Philodendron

파스타자눔 Philodendron Pastazanum

남미 에콰도르 파스타자 지역 밀림에서 발견된 원종으로, 여러 하트형 하이브리드 필로덴드론의 기반이 된 품종이다. 무늬가 없어도 실크처럼 은은한 광택이 도는 잎이 매력적이며 바라만 봐도 마음이 편안해지는 식물이다.

하트형 잎은 최대 지름 60cm까지 자라며, 실내에서도 관리가 잘 되면 약 50cm까지 성장한다. 줄기는 빛의 세기에 따라 30~50cm까지 성장이 조절된다. 포복형 특성상 깊은 화분보다는 길이 60cm 이상의 긴 화분에 심어야 원줄기가 옆으로 건강하게 뻗으며 자란다.

파스타자눔 var. 알보 Philodendron Pastazanum var. albo

2023년 베트남 실험실에서 원종 파스타자눔의 조직배양 중 선별된 알보 무늬종이다. 필자가 첫 입수자로, 귀한 개체를 정성껏 배양해 현재는 커피 농장 한편에서 안정적으로 증식되고 있다. 덕분에 이제는 절종 걱정 없이 건강한 개체들이 자라고 있다.

알보라 해서 원종보다 특별히 까다로운 점은 없지만, 야외 배양 시에는 탄저병 예방에 주의해야 한다. 드물게 달팽이가 잎을 갉아먹기도 하는데, 실내 배양 중이라면 시중의 달팽이 구제제를 화분 위에 올려두면 손쉽게 해결할 수 있다. 다만 사체를 그대로 두면 곰팡이가 생길 수 있으므로 즉시 제거하는 것이 좋다.

파스타자눔 var. 알보

파스타자눔 var. 오레아 Philodendron Pastazanum var. aurea

예전에는 자연 변이종을 찾는 것이 하늘의 별 따기였지만, 지금은 시간과 비용만 허락된다면 원하는 무늬종을 비교적 쉽게 얻을 수 있다. 물론 아직 실험실에서도 재현하지 못한 희귀 무늬종이 존재한다는 점은 예외다.

필자의 파스타자눔 오레아 역시 베트남 실험실에서 선별된 개체다. 의도한 것은 아니었지만 실험실로부터 연락받고 배양을 시작하게 되었다. 새잎이 전개될 때는 연한 연두색을 띠며, 시간이 지나면 짙은 황색으로 익어가는 품종이다. 다만 오레아 무늬 특성상 빛과 물에 약하므로 과도한 조도나 잦은 관주는 피해야 한다. 그 외의 관리 요령은 원종 파스타자눔과 동일하다.

딘 맥도웰 Philodendron Dean McDowell: Gloriosum X Pastazanum

1980년대 필로덴드론 육종가가 글로리오섬과 파스타자눔을 교배해 만든 품종으로, 육종가와 그 친구 이름을 따서 딘 맥도웰이라 명명했다. 심장형 필로덴드론 중 가장 크게 자라며 기본종인 파스타자눔보다 잎과 잎자루가 더 크고 길게 성장한다.

두 품종은 종종 혼동되지만, 딘 맥도웰은 잎 표면의 금속성 광택이 더 밝고 뒷면에 주름이 깊게 잡혀 있는 것이 특징이다. 구분이 꼭 필요하진 않지만 차이를 알고 감상하면 식물의 매력을 더 깊이 즐길 수 있다.

딘 맥도웰

베르코섬 Philodendron verrucosum

남미 고산지대가 자생지인 원종으로, 지역에 따라 다양한 형태와 특징을 보인다. 대부분의 심장형 필로덴드론이 포복형으로 자라지만, 베르코섬은 포복성과 등반성을 동시에 지닌다. 잎을 크게 키우고 싶다면 지지대를 세워 배양하는 것이 좋다. 또 잎자루에 털이 나 있어 다른 품종과 쉽게 구분되며, 이는 고산의 낮은 온도에 적응한 결과로 자생지에 따라 색·밀도·길이가 다르다. 습한 환경을 좋아하며, 최근에는 남미 농장에서 선별된 무늬종이 등장해 마니아들 사이에서 주목받고 있다.

베르코섬 잎자루 줄기에 난 털

엘초코Philodendron El Choco

    콜롬비아 서부 엘초코 지역 밀림에서 발견된 원종으로, 줄기와 새순의 붉은빛이 매력적인 품종이다. 베르코섬처럼 포복성과 등반성을 함께 지녀 환경에 따라 포복형 또는 등반형으로 배양할 수 있다.

    남미 농장에서 배양 중 붉은빛이 없는 엘초코 그린이 선별되어 보급되었지만, 심장형 필로덴드론 특유의 녹색 계열이 많아 붉은빛을 띤 원종이 더욱 매력적으로 평가된다. 배양은 어렵지 않으며, 일반적인 심장형 필로덴드론과 같은 방식으로 관리하면 건강하게 성장한다.

엘초코

마메이 Philodendron Mamei Andre

하이브리딩되지 않은 원종으로, 잎의 은은한 은색 무늬 때문에 실버 클라우드라 불린다. 하지만 원종 학명은 마메이 안드레이다.

2022년 말에 마메이의 알보와 오레아 무늬종이 등장해 대중적인 마메이에 다시 수집 열풍을 불러일으켰다. 유묘기에는 플라우마니와 혼동하기 쉽지만, 성장하면서 잎의 굴곡이 완만해지고 은빛 구름무늬가 선명하게 나타나는 것이 특징이다. 유사한 소디로이나 플라우마니보다 잎이 다소 얇은 편이다.

마메이

소디로이는 마메이와 유사해 구분이 어려운 품종이지만, 잎맥까지 은빛을 띠는 금속성 실버톤 덕분에 독보적인 매력을 지닌다. 이런 아름다움 때문에 소디로이만 전문적으로 수집하는 마니아도 있다.

잎이 두꺼워 빛 피해가 적고 건조에도 강하지만, 과습 시 잎이 녹거나 생육이 약해질 수 있으므로 배수 관리가 중요하다. 높은 공중 습도에서 잎이 더 크고 넓게 자란다. 인도네시아 농장에서 선별된 민트 개체가 인도 민트로 유통되었으며, 현재는 일반형과 함께 다양성 차원에서 동일하게 거래되고 있다. 포복형으로 자라므로 실내 배양 시 공간 확보를 염두에 두는 것이 좋다.

소디로이

식물을 오래 키우다 보면 한때 세상에서 가장 아끼던 식물이 새 품종에 밀려 방 한 구석으로 옮겨지곤 한다. 필자에겐 플라우마니가 바로 그런 존재였다.

심장형 필로덴드론 중 많은 이들이 글로리오섬이나 마메이를 선택하지만, 나는 잎의 미묘한 물결과 굴곡이 매력적인 플라우마니에 반해 처음 입수했다. 특히 어두운 색감을 띠는 블랙페이스 품종을 어렵게 구해 정성껏 배양했다. 하지만 이후 글로리오섬에서 민트 무늬가 발현되면서 관심이 옮겨가기도 했다.

지금은 플라우마니보다 더 희귀한 품종도 많지만, 근육질처럼 단단한 잎의 질감과 강렬한 존재감만큼은 여전히 플라우마니가 최고다.

플라우마니

타우마토필럼Thaumatophyllum

타우마토필럼은 얼마 전까지만 해도 필로덴드론의 직립형 종으로 분류되었으나, 2018년 식물 분류학 개정에서 별도의 속으로 구분되었다. 두 식물은 잎 모양과 생육 환경이 비슷하지만, 가장 큰 차이는 줄기의 목질화 여부다.

필로덴드론은 성장해도 줄기가 나무처럼 단단해지지 않지만, 타우마토필럼은 어린 유묘 시기부터 줄기가 점점 단단해지며 목질화 과정을 거친다. 관목류는 아니지만 나무처럼 자라는 성격을 지닌다.

잎의 두께나 형태, 생육 특성은 유사해 직접 길러보지 않으면 구분이 어려운 식물이다. 오랜 배양 경험상 두 계열은 잎의 크기, 질감, 꽃, 성장 습성에서 큰 차이를 보이지 않는다. 하지만 줄기 성질만은 확실히 구분되는 특징이라 할 수 있다.

고엘디 var. 오레아
Thaumatophyllum Goeldii /Spruceanum var.

고엘디는 타우마토필럼 계열의 대표적인 희귀 관엽식물로, 한 줄기에서 여러 장의 잎이 부채처럼 달리는 독특한 형태로 유명하다. 교잡종이 아닌 원종으로, 정

고엘디 var. 오레아

식 학명은 스프루시아넘이다. 과거에는 무지종조차 귀
해 고가에 거래되었지만, 현재는 조직배양으로 다양한
무늬종이 증식되어 가격이 한결 안정되었다. 특히 민트,
오레아, 알보 변이종이 인기가 높다.

　어린 개체는 다른 종과 구별이 어렵지만, 성체가 되면
하나의 잎자루에 15장 안팎의 잎이 달려 장관을 이룬
다. 다만 건조에는 강한 반면 과습에 약하므로 물을 자
주 주기보다 공중 습도를 유지하는 것이 중요하다. 풍성
한 잎과 독특한 자태로 한 번쯤 길러보고 싶은 식물로
꼽히는 고엘디는 여전히 희귀 관엽식물 애호가들의 사
랑을 받는 품종이다.

윌리암씨 var. 오레아
Thaumatophyllum Williamsii var.

　이 품종은 개성과 품격이 돋보이는 타우마토필럼 계열
의 희귀 품종이다. 어린 시기에는 다른 종과 구분이 어렵
지만, 잎이 3~4장 이상 전개되면 독특한 형태가 드러난다.
　일반형과 하이브리드형으로 나뉘며, 일반형은 깊게
갈라진 찢잎으로 몬스테라 델리시오사를 연상시킨다.
하이브리드형은 길고 완만한 물결무늬 잎으로 부드러
운 인상을 준다. 성체는 잎이 70~80cm까지 자라며, 잎
자루를 포함하면 사람 키에 이를 정도로 크다. 두 형태
모두 관상 가치가 높으며, 특히 일반형은 개체 수가 적
어 여전히 귀하게 여겨진다.

윌리암씨 var. 오레아(일반형/와이드)

윌리암씨 var. 오레아(하이브리드)

　무늬종 제나두는 한국에서는 아직 낯설지만, 동남아시아에서는 이미 많은 애호가들이 즐겨 기르는 인기 품종이다. 굵고 단단한 목질화된 줄기 위에 아기자기한 잎이 돋아 독특한 균형미를 이루며, 그 언밸런스한 조화가 오히려 매력으로 다가온다.

　타우마토필럼 계열의 흥미로운 특징 중 하나는 드물게 일반 개체에서 철화(왜소화) 현상이 나타나 난쟁이형 드워프 품종으로 발전하기도 한다는 점이다. 제나두 또한 이러한 변이 개체가 발견되어 독특한 형태와 희소성으로 높은 가치를 인정받는다.

제나두 var. 오레아(왜소종)

아다만티눔은 브라질 남동부의 건조한 바위 지대에서 자라는 원종으로, 이름은 견고함을 뜻하는 라틴어 아다만트에서 유래했다. 유묘 시기에는 윌리암씨(와이드형)와 비슷해 혼동되기 쉽지만 잎 형태에서 뚜렷한 차이가 있다. 윌리암씨가 둥글고 부드러운 잎이라면 아다만티눔은 깊게 갈라진 날렵한 잎이 특징으로, 필로덴드론 마요이와 닮았다.

희소성과 높은 가치로 인해 자주 분리하여 키우다 보니 대품이 극히 드물다. 배양은 고엘디나 윌리암씨와 유사하며, 건조에는 강하지만 과습에 약하므로 통기성이 좋은 배양토를 사용해 뿌리가 숨 쉴 수 있도록 관리해야 한다.

아다만티눔 var. 오레아

남아메리카 열대 밀림이 고향인 자연 원종으로, 배양가들 사이에서는 흔히 셀룸이라 불린다. 타우마토필럼 중에서도 잎이 가장 크게 자라는 종이다. 실내에서도 1m 이상, 야생에서는 3m에 달하는 잎이 펼쳐진다.

이름처럼 잎이 깊게 두 번 갈라져 불가사리나 연체류의 발을 연상시키며 동남아의 정원과 공원에서도 조경수로 자주 쓰인다. 건조에는 강하지만 과습에 약해 화분의 수분이 많으면 잎이 물러지거나 하엽이 질 수 있으므로 주의가 필요하다.

비피나티피둠(셀룸) var.

아프리칸 판타지/안젤라 var. Thaumatophyllum African Fantasy / Angela var.

타우마토필럼 중 가장 큰 잎을 가진 품종으로, 실내에서도 잎이 1m 이상 자라며 인도차이나반도에서는 2m에 이른다. 스프루시아넘(고엘디)과 비피나티피둠(셀룸)의 교배종이다. 유묘 시기부터 독특한 잎 모양이 뚜렷해 쉽게 구별된다. 무지종 자체도 드물어 무늬종은 특히 희귀하며, 안젤라 바리에가타라는 이름으로도 불린다.

드물게 철화(왜소화) 개체가 나타나는데, 대형 잎 품종인 아프리칸 판타지에서 난쟁이형 드워프가 선별될 때 매우 귀하게 취급된다. 실내에서도 키울 수 있지만 잎이 워낙 커 공간의 한계를 느끼게 되는 품종이다. 그래서 현실적인 공간과 거대한 식물을 향한 열정 사이에서 늘 고민하게 만든다.

아프리칸 판타지 var. 오레아(왜소종)

배양 팁

관리 포인트

타우마토필럼은 건조에 강해 물을 하루이틀 덜 줘도 문제없다. 반면 분내 과습과 수분 과다에는 약하므로 주의해야 한다. 특히 무늬종은 무늬가 쉽게 녹을 수 있어 관주 후 반드시 환풍기로 잎 표면 물기를 말려줘야 한다. 조명은 6,000~8,000lux 정도면 무리 없이 잘 자란다.

비료 관리

월 2회 액비 2,000:1 관주 / 주 1회 엽면시비 2,000:1

병충해 관리

탄저병 예방 델란 월 1회 1,000:1 엽면 도포 / 비오킬 2주 1회 1:1 희석 살포

라피도포라 Rhaphidophora

몬스테라, 필로덴드론(타우마토필럼 포함), 알로카시아, 안스리움 같은 대형 아로이드 식물들이 희귀 관엽식물 시장을 이끌던 시절, 같은 천남성과 식물임에도 주목받지 못했던 식물이 바로 라피도포라다.

라피도포라 계열은 몬스테라 못지않게 다양한 잎 모양과 독특한 무늬를 지니고 있으며, 고유의 질감과 형태미로 꾸준히 관심을 얻고 있다. 태국 치앙마이의 정글, 베트남 달랏의 고산지대 등 자생지에서는 꾸준히 미등록 신종이 발견되고 있다. 농장 재배 중에서는 변이종도 선별되어 많은 개체가 대중화되었다. 라피도포라는 지금도 여전히 진화 중인 살아 있는 아름다움의 세계다.

테트라스퍼마 var. Rhaphidophora Tetrasperma var.

한국에서는 히메몬, 동남아에서는 미니몬 또는 미니 몬스테라로 불리는 품종으로, 원산지는 동남아시아다. 일부는 중국 남부에도 자생해 중국산(잎 약 15cm, 얇은 엽육)과 동남아산(20cm 이상, 두꺼운 엽육)으로 구분된다. 일본어 히메(ひめ: 작고 귀여운)에서 유래한 명칭이 널리 쓰이지만, 정확한 이름은 테트라스퍼마 또는 미니몬이다.

무늬종은 지역별 배양 과정에서 자연 변이로 나타났다. 처음에는 알보가, 이후 뉴질랜드의 희귀식물 배양가가 오레아를 선별하면서 세계적으로 큰 화제가 되었다.

현재 유통되는 미니몬 무늬종의 대부분(약 90%)은 알보이며, 오레아와 민트는 소수다. 특히 민트는 매우 희귀해 시장에서 만나기 어렵다. 필자도 배양 중 다시 변이가 일어난 개체를 선별했고, 그중 민트 무늬가 고정된 미등록 변이종(잎 변이 동반)을 현재 배양 중이다. 이런 발견 과정이 관엽식물을 키우는 큰 즐거움이기도 하다.

테트라스퍼마 var. 민트(무명종: 잎 변이)

     PART 02 | 관엽식물의 매력 | 라피도포라Rhaphidophora

테트라스퍼마 var. 오레아

라피도포라 계열 중 가장 개성이 뚜렷한 품종으로, 드래곤테일이라는 별칭으로 더 널리 알려져 있다. 이름만 들어도 모습을 떠올릴 수 있을 만큼 식물 애호가들에게는 익숙한 존재다.

기본종은 성장하면서 잎이 길게 갈라져 용의 꼬리를 닮은 웅장한 형태가 된다. 다만 성엽으로 자라기까지는 줄기가 길게 뻗는 유묘 단계를 거쳐야 해 시간이 필요하다.

무늬종은 자연에서 흰 실선 같은 무늬를 지닌 개체가 발견되면서 시작되었다. 이후 농장에서 선별·증식을 거치며 무늬가 선명한 고급 품종으로 발전했다. 지금은 잎 전체에 아름다운 패턴이 퍼진 매력적인 관엽식물로 자리잡고 있다.

데쿠르시바 무지

데쿠르시바 var. 알보

데쿠르시바 var. 오레아

이 품종은 인도네시아 밀림에서 발견된 희귀식물로, 국내에는 아직 잘 알려지지 않았다. 잎 형태가 커피나무와 비슷하고 두껍고 단단한 질감을 지녀 처음 발견 당시에는 라피도포라인지 에피프렘넘인지 구분하기 어려웠다. 이후 연구를 통해 라피도포라 속 식물로 확정되었다.

잎마다 무늬 패턴이 달라 볼 때마다 새로운 느낌을 주며, 밝은 민트빛 산반과 짙은 녹색이 조화를 이루어 관상 가치가 높다. 신엽이 펼쳐질 때마다 어떤 무늬가 나올지 기대감을 주는 매력적인 품종이다. 물을 좋아하지만 과습에는 약하므로 관주 후 통풍을 충분히 해 잎이 젖은 채 오래 머물지 않도록 관리하는 것이 중요하다.

프베룰라 var.

라피도포라 계열은 대체로 소형이지만, 그중 하이이는 특히 작고 아담한 품종이다. 그렇다고 너무 작아 관상하기 어려운 극소형은 아니다. 손바닥 위에 올려둘 만큼 아기자기한 크기라 실내에서도 부담 없이 즐길 수 있다.

잎 한 장은 약 3~4cm로 작고, 줄기를 따라 좌우로 번갈아 붙어 전체 폭은 약 8cm 정도 된다. 관리에 따라 길이는 1m 이상 자랄 만큼 작은 체구와 달리 생육이 강하다.

처음에는 무늬 없는 기본종만 알려졌으나, 이후 노란 무늬 오레아 개체가, 최근에는 흰 무늬 알보 개체까지 발견되며 희귀 컬렉션으로 마니아들 사이에서 주목받고 있다.

하이이 var. 알보

하이이 var. 오레아

관리 포인트

라피도포라는 생장 속도가 빠르고 배양이 쉬워 빠른 성과를 원하는 MZ세대와
도 잘 맞는 식물이다. 강한 생명력 덕분에 다양한 환경에서 잘 자라며 수태봉을
빠르게 타고 올라가니 작품으로 키우기에 적합하다.
배양하다 보면 더 큰 잎, 더 많은 구멍을 기대하게 되는데, 적절한 온도와 습도만
유지하면 충분히 가능하다. 워낙 강건한 품종이라 병충해도 거의 없는 편이다.
배양토는 배수성 좋은 일반 관엽용이면 충분하며, 습도는 50% 이상, 온도는
22~28도에서 안정적으로 자란다.

비료 관리

월 2회 액비 2,000:1 관주 / 엽면시비 주 1회 2,000:1

병충해 관리

탄저병 예방 델란 월 1회 1,000:1 엽면 도포 / 비오킬 월 1회 1:1 희석 살포

신댑서스 Scindapsus

신댑서스(한국에서는 스킨답서스로 불리지만, 국제적으로는 Sc 발음을 따 신댑서스라 한다)는 오랫동안 에피프렘넘의 포토스와 혼용됐다. 그러나 두 식물은 만져보면 확연히 다르다. 신댑서스는 잎이 두껍고 단단하며 표면에 미세한 융털이 느껴지는 반면, 포토스는 잎이 얇고 매끄러워 촉감만으로도 구분할 수 있다.

신댑서스는 동남아시아 자생지에서 다양한 변이종과 무늬종이 발견되며 여러 이름으로 재배된다. 국내에서 잘 알려진 기본종으로는 엑조티카, 트루비, 실버, 문라이트, 플래티늄, 제이드 사틴, 블루, 다크 등이 있다. 이들로부터 파생된 무늬종은 희귀성과 아름다움으로 한때 고가에 거래되었으나, 지금은 수량이 늘어나 부담 없이 즐길 수 있는 식물이 되었다.

관리 난이도가 낮고 환경에 잘 적응해 관엽식물 입문용으로 특히 사랑받는 종으로, 누구나 쉽게 멋진 작품으로 키울 수 있는 배양가 친화적 식물이다.

블루 알보 Scindapsus Blue Albo

블루 알보는 신댑서스 블루의 기본종(무지)에서 변이로 탄생한 무늬종이다. 짙은 녹색에 남청빛이 감도는 잎 위로 흰 무늬가 은은하게 퍼지는 것이 특징이다. 자연에서 푸른빛을 띠는 신댑서스 자체가 드문데, 열성적인 마니아들이 흰 무늬 개체를 선별·증식해서 지금의 블루 알보가 만들어졌다. 노란 무늬를 지닌 블루 오레아도 선별되어 일부 마니아들 사이에서 배양되고 있다.

블루 알보와 오레아 모두 배양이 어렵지 않으며, 신댑서스 특성상 수태봉을 사용하거나 바닥에 눕혀 키워도 잘 자란다. 다만 새잎이 나올 때 기근이 충분한 수분과 영양을 흡수해야 잎이 작아지지 않는다. 두껍고 단단한 잎을 가진 식물은 과습에 약하므로 물은 적당히 주고 공중 습도는 꾸준히 유지하는 것이 건강한 성장을 돕는 핵심이다.

블루 알보

마야리 바리에가타가 처음 등장했을 때, 신비로운 무늬와 우아한 자태로 많은 애호가들을 놀라게 했다. 엑조티카 계열인지 실버 계열인지 여러 추측이 있었으나, 이후 관찰을 통해 엑조티카와 실버의 중간형으로 보이는 마야리 원종에서 변이된 무늬종임이 밝혀졌다.

마야리는 소형종으로 잎이 단단하고 표면에 미세한 융털이 있어 고급 신댑서스 특유의 질감을 지닌다. 여기에 흰 알보 무늬가 더해져 마니아들이 탐내는 대표 품종이 되었다.

배양 과정에서 가끔 무늬가 사라져 무지로 변할 수 있는데, 새잎이 두 장 연속 무지로 나오면 그 부분을 잘라 새순을 받는 것이 좋다. 마야리는 건조엔 강하지만 공중 습도가 낮거나 기근이 마르면 잎이 작아질 수 있어 습도와 수분 관리가 건강한 성장을 위한 핵심이다.

마야리 var. 알보

마야리 var. 알보 / 엑조티카 var. 마블

이 품종은 마야리의 오레아 무늬 버전으로 보이며, 상품명은 다르지만 같은 원종에서 선별된 변이로 필자는 판단한다. 마야리가 알보 무늬라면 아포라키아트는 노란빛의 오레아 무늬를 지닌 셈이다. 성장은 매우 좋은 편이다. 다만 전면 산반 개체는 구하기 어렵다.

시중에 거래되는 개체 대부분이 한쪽에만 무늬가 몰린 하프문 형태여서 배양 중 무늬가 사라지기 쉽다. 무지가 나오면 해당 잎과 줄기를 잘라 새순을 받아야 해 관리 난이도가 높은 품종이다. 필자에게도 여러 번 아쉬움을 남긴 식물이다.

아포라키아트 var.

엑조티카 var.

Scindapsus Exotica Var.

엑조티카는 신댑서스 중에서 도 잎이 크고 넓게 자라며 은빛 펄감이 도는 잎이 특히 아름답 다. 특유의 부드러운 질감과 어 우러져 우아한 분위기를 만들 어낸다. 배양 과정에서 마블링 이 뛰어난 개체를 다시 선별해 무늬가 안정된 전면 산반 형태 로 만든 품종은 엑조티카 var. 마블로 불리며 마니아들 사이 에서 거래되고 있다.

이 품종은 둥근 하트형 잎이 특징으로, 무지종은 녹색 바탕에 은빛 펄감이 은은하게 돈다. 여기에 유백색(노랑과 흰색 사이의 색)의 전면 산반이 더해지면 더욱 매력적인 색감을 보여준다. 특별한 관리 없이도 잘 자라 신댑서스 입문용으로 추천할 만한 품종이다.

루비콘 var.

이 품종은 엑조티카 원종에서 선별된 무늬종으로, 신댑서스 중에서도 대형종에 속한다. 잎은 최대 20cm까지 자라 일반 신댑서스보다 두 배 정도 크다. 신엽은 연둣빛을 띠며 시간이 지나면 밝은 노란색으로 발색되어 귀한 느낌을 주기에 마니아들 사이에서 인기가 높았다.

현재는 수량이 늘어 비교적 쉽게 입수할 수 있으며, 배양을 통해 멋진 작품으로 만들기 좋은 품종이다.

엑조티카 바티콘 var.

이 품종은 동남아시아 원산의 희귀 덩굴식물로, 따뜻하고 습한 환경에서 잘 자란다. 덩굴이 길게 뻗어 가끔 가지치기가 필요하지만, 전반적으로 관리가 쉬운 편이다. 하트 모양 잎에 은빛 반점이 섬세하게 퍼지고 짙은 녹색 바탕 위에 무늬가 선명하게 대비되어 세련된 인상을 준다. 은은한 광택과 부드러운 질감으로 꾸준히 사랑받는 품종이다.

제이드 사틴 var. 오레아(좌)
제이드 사틴 var. 알보(우)

신댑서스 대부분은 벨벳 같은 무광 질감이나 은은한 반사광이 특징이다. 하지만 문라이트는 벨벳 질감 없이도 잎 자체의 광택이 매우 뛰어난 품종이다. 잎은 일반 신댑서스보다 약 1.5배 크게 자라며, 빠르게 수태봉을 타고 건강하게 성장한다.

문라이트 var. 트라이컬러

신댑서스 자라는 모습들

관리 포인트

신댑서스 배양의 핵심은 수태봉을 활용해 식물이 위로 뻗으며 안정적으로 붙어 자라도록 돕는 일이다. 수태봉은 항상 촉촉해야 한다. 그래야 신댑서스가 기근을 활발히 내리고 잎이 넓어지며 무늬도 선명해진다.

배양토는 물 빠짐이 좋은 일반 관엽용이면 충분하다. 실제로 신댑서스는 많은 뿌리를 수태봉에 내리므로 수태봉 자체가 배양토 역할을 일부 대신한다. 관주 주기나 환풍에도 크게 민감하지 않은 편이다.

습도는 50% 이상, 온도는 20~28도에서 가장 잘 자라며, 이 조건만 갖추면 건강하고 아름다운 신댑서스를 키울 수 있다.

비료 관리

하이포넥스 액비 월 1회 2,000:1 관주 / 엽면시비 1주 1회 2,000:1

병충해 관리

탄저병 예방 델란 월 1회 1,000:1 엽면 도포 / 비오킬 월 1회 1:1 희석 살포

에피프렘넘 Epipremnum

동남아를 여행하다 보면 야자나무를 타고 50~60cm 넘는 거대한 찢잎이 올라가는 모습을 볼 수 있다. 관엽식물에 익숙한 사람도 몬스테라로 착각할 만큼 인상적이지만, 그건 몬스테라가 아니라 에피프렘넘의 한 종류인 포토스 계열이다. Aroid 식물 중에서는 조명이 덜 비쳤지만, 늘 우리 주변을 지켜온 친숙한 식물이다.

20여 년 전 필자는 인도네시아에서 본 이 거대한 포토스에 반해 한국과 위도가 비슷한 중국 칭다오 근무지로 가져와 키워본 적이 있다. 하지만 새잎은 손바닥보다 작게 자라 실망했고, 그때야 이것이 한국의 학교와 사무실에서 흔히 보던 스킨답서스(신댑서스)라는 사실을 알게 되었다.

※ 주의: 한국에서 스킨답서스(발음 또한 잘못된 발음이었음)라 불려온 식물은 실제로는 에피프렘넘 포토스이며, 앞서 소개한 신댑서스와는 전혀 다른 식물이다. 이름도, 발음도 잘못 알려졌던 셈이다.

포토스 var. Epipremnum Pothos var.

이 품종은 타원형 잎을 갖고 있으며, 개체에 따라 모서리가 둥근 직사각형 형태를 보이기도 한다. 유묘일 때는 잎이 10cm 미만이지만, 벽이나 나무 지지대를 타고 올라가기 시작하면 잎 크기가 급격히 커진다. 성체의 경우 잎은 최소 50cm에서 최대 80cm까지 자라며 몬스테라처럼 찢잎이 생기기도 한다. 다만 이런 성장은 25~30도, 습도 60% 이상의 열대 기후에서 가능하다.

한국처럼 위도가 높고 건조한 환경에서 지지대 없이 키우면 잎 크기는 10cm 내외에 머문다.

　포토스는 색 변이에 따라 네온, 엔조이, 마블퀸, 스노퀸, 만주라 등으로 세분되어 동남아 여러 지역에서 널리 배양된다. 야자나무 아래 흔히 심겨 있는 무늬종은 자이언트 골든 포토스로 집이나 사무실에서 자주 보지만 정체를 잘 몰랐던 식물이다.

포토스 자이언트 골든

스노퀸 마블

만주라

피나텀 var. Epipremnum Pinnatum var.

이 품종은 길쭉한 타원형 잎을 지니며, 포토스보다 다소 작은 크기로 자란다. 온도·습도 조건이 맞으면 잎이 최대 60cm까지 커진다. 자생 지역에 따라 잎 형태가 조금씩 다르며, 여러 색 변이종도 존재한다. 대표적으로 알보, 민트, 마블링이 섞인 마블, 노란빛이 돋보이는 마블 옐로가 있다.

마블은 엽록소가 적어 지지대 없이 키우면 잎이 10cm 미만으로 작아지고 성장이 더디다. 질소질 비료를 적절히 사용해 엽록소 발현을 높이고 수태봉을 타고 오르도록 해주어야 신엽이 2~3배씩 크게 나온다.

마블 옐로는 엽록소가 비교적 많아 삽목 후 신엽 전개가 수월하다. 하지만

지나치게 녹색이 올라오지 않도록 질소 비료를 줄여 노란 무늬가 잘 유지되
게 관리하는 것이 관건이다.

피나텀 var. 알보 마블

피나텀 var. 오레아

피나텀 var. 알보 마블

관리 포인트

배양실 온도와 수태봉 사용 여부가 성장과 잎 크기를 결정한다. 이 조건이 갖춰지지 않으면 잎은 쉽게 작아져 흔히 말하는 스킨답서스(바른명칭: 신댑서스) 크기로 머물 수 있다는 점을 기억해야 한다. 다만 수태봉을 항상 촉촉하게 유지할 필요는 없어 다른 종보다 관리가 편한 편이다.

알보 무늬종은 엽록소가 적어 초기에는 질소질 비료를 적극적으로 사용해 잎의 녹색 지분을 높여야 한다. 반대로 오레아 무늬종은 질소 비료를 과하게 주면 노란 무늬가 녹색에 묻히므로 사용을 절제하는 것이 좋다.

배양토는 배수성 좋은 일반 관엽 배합토면 충분하며, 습도는 50% 이상, 온도는 22~30도에서 안정적으로 자란다.

비료 관리

알보종(마블) | 하이포넥스 액비 월 2회 1,000:1 관주 / 엽면시비 1주 1회 2,000:1

오레아종(옐로 마블) | 액비 월 1회 2,000:1 / 엽면시비 없음

병충해 관리

탄저병 예방 델란 월 1회 1,000:1 엽면 도포 / 비오킬 월 1회 1:1 희석 살포

기타 품종

자미오쿨카스 자미폴리아 var. Zamioculcas Zamifolia

　한국에서 금전수로 알려진 이 품종은 아프리카 동부가 원산지다. 일반적인 자미오쿨카스는 잎 줄기 길이가 50~60cm 정도이며 진초록색 줄기에 15~20장 잎이 달린 형태가 기본형이다. 여기서 잎에 무늬가 들어간 변이(var.), 줄기와 잎 전체가 자색으로 변한 슈퍼노바 변이, 자색에 다시 무늬까지 더해진 무늬 변이종으로 세분된다. 최근에는 철화 형태 단엽종도 등장했다. 이중 자색 변이에 무늬까지 발현된 슈퍼노바Supernova var.가 가장 희귀해 마니아층에서 높은 가치를 가진다.

자미오쿨카스 자미폴리아 var.
슈퍼노바 var.(블랙핑크)

증식은 삽목으로 간단히 가능하다. 잎과 줄기 일부를 잘라 물꽂이나 삽목을 하면 약 보름 후 발근하고 한 달 정도 지나면 정식 식재가 가능하다. 이런 과정을 거쳐 성묘로 키우기까지는 약 1년이 필요하다.

PART 02 | 관엽식물의 매력 | 기타 품종

이 품종은 인도차이나 지역에 자생하는 천남성과 식물로, 독특한 잎 모양과 줄기에 돋은 가시가 인상적인 관엽식물이다. 베트남에서는 어린줄기의 잔가시를 제거해 데쳐 먹거나 전통 약재로 사용하기도 한다.

최근 라시아 스피노사에서 무늬종이 발견되어 소수 마니아 사이에서 배양되고 있다. 성묘는 70~80cm까지 자라며, 어린잎은 여우 얼굴을 닮은 귀여운 형태를 띠고, 성체가 되면 잎이 마치 두 팔을 벌려 만세를 하는 듯한 모습으로 변한다.

잎이 부드러워 벌레와 달팽이 피해에 약하므로 살충 및 달팽이 방제를 해줘야 한다.

라시아 스피노사 var.

한국에서 소철로 알려진 식물로, 일본 오키나와·규슈가 원산지다. 현재
는 동남아와 아열대 지역에서 관상용으로 널리 재배된다. 소철 배양 과정에
서 잎에 노란 오레아 무늬가 발현된 개체가 선별되었고, 소수 마니아 사이

소철 무늬종

에서 귀하게 다뤄지고 있다. 오레아
무늬는 새잎이 나온 뒤 2~3개월에
걸쳐 천천히 발색하며 완성되면 매
우 화려한 색감을 보여준다.

　실내에서 키울 때는 겨울철 온도
를 10℃ 이하로 내리지 않는 것이
중요하다. 그 아래로 떨어지면 동해
를 입기 쉽다. 건조와 강한 햇빛에
는 비교적 강한 편이지만, 지나치게
강광에서 기르면 잎 전체가 황변할
수 있어 무늬종의 경우 녹과 무늬
경계가 흐려질 위험이 있다.

　　　　　　　　PART 02 | 관엽식물의 매력 | 기타 품종

　소철과에 속하는 식물로, 국내에서는 멕시코 소철이라는 이름으로 유통된다. 이름처럼 멕시코 동부 베라크루스의 온난한 기후에서 자생하며, 소철류답게 건조에는 강한 편이다. 다만 잎 폭이 넓어 직사광선에 오래 노출되면 잎이 탈 수 있어 주의가 필요하다.

　자연 상태에서 선별된 무늬종은 특히 희귀해 소수 마니아 사이에서 고가로 거래되며 배양되고 있다.

멕시코 소철 무늬종

우리가 먹는 바나나 학명은 무사 아쿠미나타이다. 이 바나나에서 무늬가 아름답게 나타난 변이들이 선별되면서 동남아 정원가와 마니아들 사이에서 인기가 높아졌다. 대표적인 무늬종은 플로리다에서 나온 흰색 알보 바나나, 태국·베트남에서 발견된 노란 오레아종, 그리고 가장 희소한 핑크 무늬 바나나다.

바나나 무늬종(플로리다 알보)

오레아 무늬가 든 바나나

무늬 바나나는 처음 보면 큰 잎과 화려한 무늬 때문에 누구든 매료된다. 하지만 실내에서 키우기엔 생각보다 만만치 않다. 바나나가 놀라울 만큼 빠르게 자라기 때문이다. 특히 플로리다 무늬 바나나는 햇빛을 많이 받으면 흰 무늬가 금방 타버려 원래 아름다움을 유지하기 어렵다.

반대로 오레아종과 핑크 무늬종은 야외 환경에 강해 햇빛 아래에서도 무늬를 잘 유지한다. 다만 핑크 무늬종은 실내에서는 붉은색이 거의 사라져 녹색 바나나처럼 보이지만, 강한 햇빛 아래에서는 다시 선명한 핑크빛을 드러내는 특징이 있다.

바나나 무늬종(핑크 알보 무늬종)

나만의 식물 방을 다녀간 인연들

특별한 인연의 기록

베트남에는 나만의 식물 방이 있다. 한때는 책으로 가득 차 있던 서재였지만, 어느 순간 그 자리를 식물들에 내주었다. 책 대신 잎이 자라고 초록 결이 흐르는 공간이 된 것이다.

내 식물 방에 세상에 하나뿐인 식물들이 있다는 소문이 퍼지자 이 방을 궁금해하는 이들도 하나둘 늘어났다. 그러나 이곳은 전시장이 아닌 평범한 가정집이다. 찾아온다고 해서 모두를 맞이할 수는 없었다. 그래서 문을 열었던 순간들은 언제나 조심스러웠다.

특별한 인연으로 이 식물 방을 다녀간 이들을 기록으로 남긴다. 이 방을 스쳐간 발걸음과 초록 앞에서 멈추었던 얼굴들은 서로의 기억이 되어 지금의 나와 이어지고 있으니 말이다.

기념으로 남기는 사진들

몬스테라 델리시오사 크림 브륄레
(Monstera Deliciosa var. Creme Brulee)

필로덴드론 빌리에티에 var.

타우마토필럼 고엘디 var.(좌), 알로카시아 잭클린 var. 오레아(우)

몬스테라 델리시오사 자이언트 옐로우
(Monstera Deliciosa var. Giant yellow)

커팅 한 달 후 잘린 부위에서 눈이 트고 있음

관엽식물 돌보는 일

식물이 좋아하는 환경 만들기 - 빛·온도·습도 기본기

관엽식물은 열대·아열대 숲속 그늘에서 살아왔다. 나무 사이로 스며드는 부드러운 햇살, 따뜻하고 일정한 온도, 늘 촉촉한 흙이 그들 자연이다. 실내에서 잘 키우고 싶다면 이 익숙한 환경을 조용히 흉내 내주면 된다.

먼저 빛이다. 강한 직사광선은 잎을 태우고 무늬를 흐리게 한다. 커튼을 통과한 은은한 빛이 가장 이상적이다. 빛이 부족하면 잎은 작아지고 줄기는 웃자라며 식물의 고유한 형태가 무너진다. 빛이 부족한 환경이어도 괜찮다. 식물등을 활용하면 되니 말이다. 식물등을 사용할 때는 6,000~8,000lux, 50cm 거리 하루 10시간 정도면 된다.

온도는 24~28도가 가장 좋다. 열대 식물이라도 더운 환경을 특별히 좋아하는 것은 아니다. 30도가 넘으면 성장이 멈추고 겨울에는 18도 이하로 내려가면 잎에 스트레스가 쌓인다. 계절의 극단만 피하면 대부분의 관엽식물은 안정적으로 자란다.

습도는 60~80%가 적당하다. 알로카시아나 안스리움처럼 공중 습도에 민감한 식물은 가습이나 분무가 필요하다. 하지만 몬스테라·필로덴드론 같은 식물은 일반 실내 습도만으로도 무난하다. 다만 겨울철 건조기에는 45% 이상을 유지해주는 편이 좋다.

요즘 아파트 구조에서도 창가만 잘 활용하면 충분하다. 부드러운 햇살과 지나치게 건조하지 않은 공기, 잎이 놀라지 않는 온도만 갖춰지면 집의 작은 구석도 금세 숲처럼 살아난다.

관엽식물 키우기의 핵심은 어렵지 않다. 그들이 머물던 자연의 리듬을 실내에서 가볍게 재현해주면 식물은 마치 고향을 기억하듯 싱그럽게 우리 곁에서 자라난다.

흙이 답이다 – 뿌리가 숨 쉬는 배양토의 비밀

관엽식물을 건강하게 키우기 위해 중요한 요소 중 하나가 바로 배양토다. 좋은 배양토의 핵심은 통기성과 배수력에 있다.

관엽식물용 배양토는 일반적으로 다음과 같은 재료로 만들어진다.

♡ **바크** | 소나무나 침엽수 수피로 통기성을 높여준다.

♡ **상토** | 야자열매 껍질을 잘게 갈아 만든 흙 대용 재료로 수분 보유력이 뛰어나다.

♡ **코코칩** | 바크보다 조금 더 거칠고 가볍게 만들어 배수성을 돕는다.

♡ **피트모스** | 식물의 유기물이 오랜 시간 부식된 천연 재료로 부드럽고 보습성이 높다.

♡ **펄라이트** | 화산암을 가열해 만든 가벼운 입자로 흙 속 공기층을 만들어준다.

시중에 유통되는 배양토는 위의 재료가 다 들어 있다. 문제는 상토가 지나치게 많다는 것이다. 상토 비중이 50~70%에 달하면 물을 줄 때 화분 위에서 물이 고이거나 흙이 뜨는 현상이 생긴다. 이렇게 되면 물이 화분 속 깊숙이 스며들지 못하고 공기를 싫어하는 곰팡이나 세균이 번식해 뿌리가 약해진다.

흙은 단순히 물을 머금는 그릇이 아니다. 물이 들어왔다가 자연스럽게 빠져나가며 통기성을 유지해야 한다. 그래야 뿌리가 건강하게 숨을 쉬고, 흙 속의 영양분을 흡수할 수 있다. 물이 막혀 빠지지 않으면 염분이 쌓이고 영양장애나 뿌리 썩음에 시달리게 된다.

필자는 수십 년간 다양한 식물을 키우며 가장 안정적인 배합비를 찾았다. 다음 비율이 그 결과물이다.

나만의 DIY 배합토

이 비율로 만든 흙은 물을 주었을 때 30초 이내에 화분 아래로 빠져나간다. 덕분에 화분 속 수분과 통기가 적절히 유지되고, 혹시 있을 잡균이나 곰팡이도 씻겨 내려간다. 또 고형비료를 함께 사용하더라도 과비 현상이 생기지 않아 식물이 건강하게 자란다.

좋은 배양토는 식물이 호흡할 수 있게 하는 것이다. 물이 고이지 않고 흘러나가야 그 흐름 속에서 뿌리가 살아난다. 이것이 바로 식물을 건강하게 키우는 배양토의 비밀이다.

식물을 돌보는 일은 심기와 분갈이에서 시작된다. 뿌리가 새 흙을 만나 호흡을 회복할 때 식물은 다시 성장할 힘을 얻는다. 분갈이는 낡은 환경을 정리하고 식물에게 새로운 터전을 마련해주는 과정이다.

화분 선택

시중에는 플라스틱 화분, 투명 플라스틱 화분, 에어팟, 토분 등 다양한 화분이 판매되지만, 화분 재질이 식물 생육에 미치는 영향은 크지 않다. 토분은 시간이 지나면 표면에 염분이 올라와 보기 좋지 않고, 에어팟은 건조 속도가 너무 빨라 일부 식물의 뿌리가 약해질 수 있다.

오랜 경험의 결론은 단순하다. 화분보다 중요한 것은 배양토이며 일반 플라스틱 화분이면 충분하다. 뿌리 상태가 궁금하다면 투명 화분에 심은 뒤 빛을 차단하기 위해 검은 화분에 함께 넣어 사용하면 된다.

검정 플라스틱 화분

투명 플라스틱 화분

분갈이가 필요한 때

식물이 커져 분갈이가 필요해졌다는 것은 지금의 화분 환경에 잘 적응해 건강하게 자랐다는 뜻이다. 이런 경우에는 기존 흙을 털지 말고 한 단계 큰 화분으로 그대로 옮겨 심는 것이 가장 좋다. 화분 속에 이미 형성된 좋은 미생물 환경을 그대로 유지할 수 있기 때문이다.

식물의 성장이 멈췄을 때도 분갈이를 고려해야 한다. 뿌리에 썩은 부분이 보이면 과감히 제거하고 소독한 뒤 다시 심어야 한다. 뿌리가 멀쩡한데도 배양토에서 비릿한 냄새나 이끼 냄새가 난다면, 이는 통기성이 떨어져 나쁜 미생물이 늘어난 신호다. 이런 경우에는 새 배양토로 갈아주는 것이 가장 좋은 해결책이다.

화분에 배양토를 1/3 채우고 식물을 가운데 세운 뒤 뿌리를 고르게 펼친다. 나머지 흙을 채우며 가볍게 눌러준다. 표면에는 마캄프-K나 오스모코트를 올려 물에 따라 흘러내리도록 배치한다.

새로 심은 화분에는 물은 넉넉히 주고 빛은 1~2주간은 약하게 한다. 이 기간에는 액비 사용을 피하고 뿌리가 자리 잡도록 쉬게 해야 한다. 간단하지만 이 몇 가지 원칙만 지켜도 관엽식물은 새집에서 건강하게 다시 자라기 시작한다.

분갈이는 식물의 숨 고르기 시간이다. 뿌리가 새로운 흙을 만나 안정을 찾고 그 안에서 다시 초록이 움튼다. 오늘 옮겨 심은 한 뿌리는 내일의 잎으로 자라난다. 식물의 분갈이는 곧 우리의 삶과도 닮았다. 낡은 것을 비우고 새롭게 시작하는 용기, 그것이 식물과 우리가 함께 배우는 성장의 법칙이다.

《 물 주는 법에도 기술이 있다 – 올바른 물주기 》

관엽식물에게 물은 숨을 고르고 생명을 이어가는 통로다. 하지만 언제, 얼마나 줘야 하는지는 환경마다 다르다. 흔히 "며칠마다 물을 줘야 하나요?"라고 묻지만 이 질문에는 정해진 답이 없다. 집의 온도와 습도, 사용하는 흙의 배합, 화분 크기, 통풍 상태에 따라 모두 달라지기 때문이다.

물주기의 기본 원칙은 하나다. 배양토 윗부분이 말랐을 때 물을 주는 것이다. 흙이 덜 마른 상태에서 물을 주면 뿌리가 숨을 쉬지 못해 약해지고, 반대로 너무 말리면 잎이 축 처지며 탈수 증상이 나타난다.

물을 줄 때는 '조금씩 자주'가 아니라 흙 전체가 충분히 젖도록 넉넉하게 주는 것이 좋다. 그리고 중요한 조건이 하나 더 있다. 물을 준 뒤 1분 안에 화분 아래로 물이 흘러나와야 한다는 것이다. 이 과정이 있어야 화분 속에 쌓인 염분이 씻겨나가고 뿌리가 건강하게 숨을 쉴 수 있다.

많은 초보자가 '물을 많이 주면 썩지 않을까?'라고 걱정하지만, 문제는 양이 아니라 배출이다. 물이 잘 빠져나가지 못하는 흙은 뿌리를 약하게 만들고 흙 속 공기층을 무너뜨린다. 그래서 배수가 좋은 배양토를 쓰는 것이 물주기만큼이나 중요하다. 필자가 40년 넘게 반려식물을 길러오며 얻은 가장 중요한 깨달음이다.

수도 시설이 없어도 살수기를 이용하면 관주 가능

식물에게 주는 한 끼 – 비료 사용의 기본

식물이 건강하게 자라려면 물뿐 아니라 영양분이 필요하다. 자연에서는 흙 속 양분을 흡수하고 햇빛으로 광합성을 하지만, 실내에서 키우는 관엽식물은 빛과 공간이 제한적이어서 비료를 통한 보충이 꼭 필요하다.

비료는 크게 유기질과 무기질(화학) 비료로 나뉜다.

유기질 비료는 천연 재료를 발효해 만든 것이지만 냄새와 해충이 생기기 쉬워 실내에서는 권하지 않는다. 직접 만들 경우, 농도 조절도 어려워 희귀 식물에는 오히려 해가 될 수 있다.

무기질 비료는 성분이 일정해 초보자도 사용하기 쉽다. 대표 제품은 오스모코트와 마캄프-K다. 오스모코트는 빠르게 효과가 나타나는 속효성 비료로, 과다 사용하면 비료 장해가 생길 수 있다. 마캄프-K는 천천히 녹아드는 지효성 비료라 안전하다. 지름 30~40cm 화분 기준 20~30알이면 충분하다.

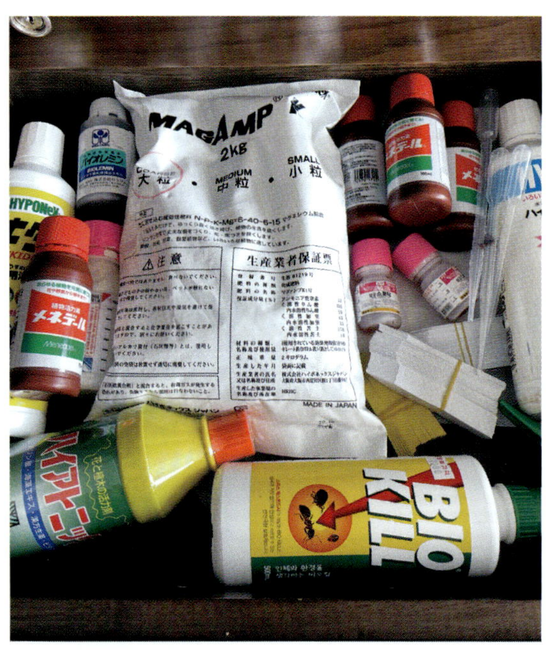

마캄프-K

액체비료(액비)는 하이포넥스와 북살이가 많이 쓰인다. 물 1리터에 비료 1cc를 섞는 1,000:1 비율이 기본이다. 비료 장해가 걱정된다면 2,000:1로 더 묽게 사용해도 된다. 한 달에 한두 번이면 충분하다.

엽면시비는 잎에 직접 영양을 공급하는 방법으로, 잎이 힘을 잃었을 때나 병해 예방에 효과적이다. 실제로 영양분을 흡수하는 기공은 잎 뒷면에 있으므로 스프레이는 새벽이나 해 질 무렵, 잎 뒷면에 고루 분사하는 것이 좋다.

비료 주기의 핵심은 많이 주는 것이 아니라 잘 흡수되게 하는 것이다. 뿌리와 잎이 균형 있게 양분을 받아들일 때 식물은 비로소 생기를 되찾는다.

마캄프-K

하이포넥스 액비

《 위기를 지키는 손길 – 병충해 예방법과 대처법 》

✱　　　　　관엽식물도 사람처럼 아플 때가 있다. 잘 자라던 잎이 갑자기 누렇게 변하거나 줄기가 물러지면 누구나 놀라기 마련이다. 특히 무늬종은 엽록소가 적어 광합성 능력이 낮기 때문에 병충해에 더 민감하다. 그래서 변화를 빨리 알아차리고 바로 돌보는 세심함이 필요하다. 작은 이상 신호를 놓치지 않는 것이 식물을 건강하게 키우는 핵심이다.

균에 의한 병해

관엽식물에 흔히 나타나는 병은 크게 두 가지다. 첫째는 탄저병, 둘째는 뿌리 · 벌브 썩음병이다.

| 탄저병 |

균으로 생기는 병 중 가장 흔하다. 탄저병은 잎 표면에 작은 노란 점이 생기며 시작된다. 시간이 지나면 가장자리가 검게 변하고 점차 잎 전체로 번지면서 얼룩이 진다. 생장에는 큰 지장은 없지만 관상 가치가 크게 떨어진다. 특히 잘라내도 새잎에 다시 발생하는 경우가 많아 완치가 쉽지 않다.

이미 생긴 자국은 없앨 수 없지만 확산은 막을 수 있다. 델란 · 오티바 같은 살균제를 사용해 원액을 면봉이나 붓에 발라주고 1,000:1로 희석해 잎 앞뒤에 골고루 분사한다.

탄저병은 공기 중 포자로 전염되므로 감염 식물은 반드시 다른 식물과 격리해야 한다. 이후 2주 간격으로 살균제를 뿌리면 확산을 효과적으로 억제할 수 있다.

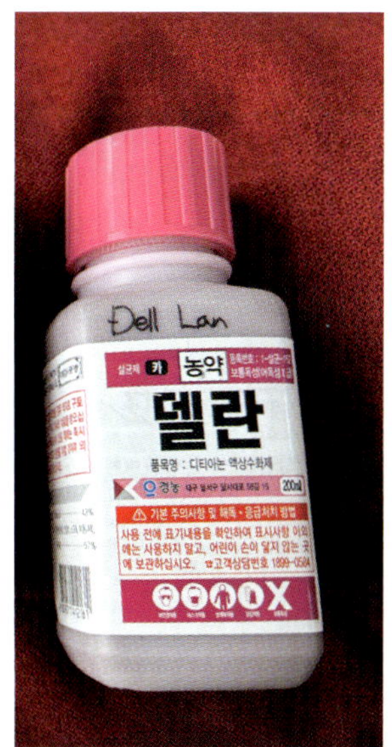

| 오티바 | 델란 |

뿌리 및 벌브 썩음병

　겉보기엔 멀쩡한데 잎이 축 처지거나 줄기가 물러지면 뿌리 썩음병을 의심해야 한다. 물을 줬는데도 잎이 힘을 잃는다면 흙 속 뿌리가 이미 썩고 있는 경우가 많다. 이 병은 특정 균 때문이 아니라 배수가 안 되고 과습한 환경이 만든 결과다.

　흙에 공기가 통하지 않으면 수분이 고이고 그 틈을 타 곰팡이균이 번식한다. 대표적인 원인균은 잿빛곰팡이균과 푸사리움균이다. 잿빛곰팡이균은 뿌리 주변에 보라색 곰팡이를 피우며 천천히 식물을 약하게 만든다. 반면 푸사리움균은 매우 공격적이라 줄기나 뿌리가 하루이틀 만에 물러지고 그대로 죽고 만다.

　썩은 부위가 보이면 즉시 잘라내고 남은 뿌리와 줄기를 세척한 뒤 소독해 새 흙에 심어야 한다. 이때 사용할 수 있는 약이 스포탁이다. 곰팡이 방제 효과가 높아 '농약계의 아스피린'으로 불린다.

사용법은 간단하다. 2,000:1로 희석해 식물을 15~20분 담갔다가 깨끗한 물로 헹군 뒤 다시 맑은 물에 30분 재담금한다. 이후 수태나 물꽂이로 2주 정도 회복시키고 새 뿌리가 나면 건강한 흙에 옮겨 심는다. 상태가 심각하면 1,000:1로 조금 더 진하게 희석해 사용해도 되지만, 반드시 짧은 시간만 담가 부작용이 없도록 주의해야 한다. 스포탁은 냄새가 강하지만 인체에는 무해하다.

식물의 진짜 건강은 잎이 아니라 뿌리에서 시작된다. 흙이 숨 쉬면 뿌리가 살아나고 뿌리가 건강해야 식물은 다시 푸르게 자란다.

스포탁

1,000:1 소독

소독 후 수태처리

2,000:1 침지

충(해충)은 식물의 생장을 해칠 뿐 아니라, 잎의 색과 질감을 망가뜨려 관상미를 크게 떨어뜨리는 골칫거리다. 보이지 않는 작은 벌레 한 마리가 식물의 건강과 아름다움을 흔들 수 있기 때문에 초기 발견과 빠른 대처가 무엇보다 중요하다.

응애는 고온·건조한 환경에서 빠르게 번식하는 미세한 해충으로, 잎의 즙을 빨아 먹으며 퍼진다. 잎 뒷면에 하얀 거미줄 같은 실이 보이면 응애가 생긴 신호다. 일반 살충제로는 잘 잡히지 않으므로 비오킬을 물과 1:1로 섞어 분사하면 2~3일 내 대부분 사라진다. 남은 알이 다시 부화할 수 있으니 한 달에 두 번 정도 반복하면 좋다. 비오킬은 사람·반려동물·물고기에도 안전해 가정에서 사용하기에 적합하다. 드물게 내성이 생기면 응애 전용 약을 2,000:1로 희석해 사용하면 완전히 제거된다.

뿌리혹파리와 총채벌레도 흔한 해충이다. 크기가 작아 처음엔 잘 보이지 않지만 번식력이 강해 빠르게 퍼지며 흙 속이나 잎 뒷면에서 자라 식물의 수액을 빼앗는다. 특히 습한 환경에서 급격히 늘어난다. 응애 방제처럼 비오킬을 동일하게 사용하면 대부분 함께 잡을 수 있다. 내성이 생긴 경우에는 총채벌레 전용 약제를 2,000:1로 희석해 잎과 줄기에만 뿌리면 된다. 단, 뿌리에는 약제가 닿지 않도록 주의해야 한다.

병충해는 갑자기 찾아오는 재앙이 아니라 작은 신호를 놓친 끝에 드러나는 결과다. 잎 색이 옅어지거나 윤기가 사라졌다면 이미 해충이나 균이 움직이기 시작했다는 뜻이다. 작은 변화에 귀 기울이고 그때그때 바로 조치하는 습관만 있어도 대부분의 병충해는 큰 문제로 번지지 않는다. 식물은 이런 작은 관심에 푸르게 응답한다.

비오킬

✽ 식물을 오래 키우다 보면 깨닫게 된다. 생명은 혼자 커가는 것이 아니라 나누며 이어지는 존재라는 사실을 말이다. 새순이 돋는 순간의 설렘은 식물을 키우는 사람만이 아는 특별한 기쁨이고, 번식은 그 생명이 스스로 확장되는 과정이다.

번식할 때는 먼저 명확한 기준을 세우는 것이 중요하다. 증식을 원한다면 과감하게 나눠도 되지만, 너무 자주 나누면 대품으로 키우기 어렵다. 증식을 목표로 할지, 큰 식물로 키울지를 먼저 결정해야 올바른 방식으로 번식을 진행할 수 있다.

자를 곳 선택

자르기

관엽식물에서 가장 쉬운 번식 방법은 줄기를 나누는 것이다. 잎이 달린 줄기와 그 줄기에서 나온 기근(air root), 이 조건이 갖춰진 지점을 깨끗한 칼로 잘라 나누면 된다. 잘라낸 줄기는 다음 순서로 안정시키고 성장시킬 수 있다. 새 뿌리를 유도하거나 수태에 심어 습도를 유지하며 뿌리를 내리게 한다. 이미 잔뿌리가 있는 경우라면 새 화분에 바로 삽목해도 된다. 필자는 잘라낸 개체를 약 15일간 물꽂이해 잔뿌리를 유도한 뒤 배양토에 심는 방식을 선호한다.

안스리움 예(몬스테라/필로덴드론/타우마토필럼 동일)

떼어낸 포기

수태에 식재

자구

채취

　알로카시아처럼 자구가 생기는 종류는 한 달에 한 번 화분을 살짝 털어 자구가 형성되었는지 확인하는 것이 좋다. 자구가 모주에 붙어 있으면 성장이 멈추므로 살살 떼어 수태에 심어주면 1~2개월 뒤 새잎이 나온다. 다만 화분을 털면 모주가 스트레스받기 때문에 증식이 목표인지 대품으로 키울 것인지 선택해야 한다. 대품을 목표로 한다면 화분을 자주 뒤흔들지 말고, 2~3개월 이상 그대로 두는 편이 좋다.

금전수(자미오쿨카스 자미폴리아 var. 슈퍼노바 var., 일명 블랙핑크)는 다음과 같은 방법으로 번식할 수 있다. 물꽂이를 하면 약 15일 후부터 뿌리가 나오기 시작하며, 한 달 정도 지나 뿌리가 충분히 안정되면 수태에 옮겨 심으면 된다.

번식은 작은 생명을 직접 이어가는 과정이다. 나누는 즐거움도 크지만 내 손에서 새 생명이 시작되는 그 순간, 식물 키우기의 기쁨은 한층 더 깊어진다.

잎 자르기

잎 물꽂이

물꽂이 후 발근(15일경)

줄기 자르기

줄기 물꽂이

❋ ❋ ❋

이 책을 쓰는 동안 나는 식물이 건네는 위로와 행복을 온전히 누렸다. 희귀 관엽식물을 처음 만났던 순간들이 하나둘 떠오르며 자연스레 입가에 미소가 번졌다. 반짝이며 돋아나는 새잎을 발견했을 때의 기쁨, 하루의 끝자락에서 식물 앞에 잠시 머물며 마음을 가라앉히던 시간들. 그렇게 식물과 함께 보낸 순간들은 어느새 나의 하루를 다르게 호흡하게 만들었다. 이 책에서 전하고 싶었던 것도 바로 그런 순간들이었다.

희귀 관엽식물의 세계는 화려하고도 깊다. 처음에는 이름과 무늬, 희소성에 마음이 흔들렸다. 그러나 오랜 시간 식물과 함께 지내며 깨닫게 된 것은 모든 기쁨이 희귀함이 아니라 함께한 시간에 있다는 사실이었다. 식물은 하루의 리듬을 나누는 동반자다. 말없이 자라며 기다림을 가르쳐주고 조급한 마음을 다독이며 삶의 속도를 조절해준다.

이 책은 완성된 답을 제시하기보다 하나의 출발선에 가깝다. 식물마다 환경이 다르듯, 사람마다 마음이 머무는 초록도 다르다. 중요한 것은 자신의 공간과 삶에 어울리는 식물을 만나 그 변화를 지켜보는 일이다. 이 책을 덮는 순간부터 당신만의 반려식물 이야기가 시작되기를 바란다.

이 책이 독자 앞에 나오기까지 많은 분들의 따뜻한 도움이 있었다. 딘 한

(Mr. Dinh Han), 황야오(Mr. Hoang Giao), 김희곤 님, 그리고 황안후이(Mr. Hoang Anh Huy)의 조언과 격려는 이 작업을 이어가는 데 든든한 힘이 되었다. 또한 언제나 묵묵히 곁을 지켜준 아내와 두 딸, 그리고 한국과 베트남에서 나를 믿고 지지해준 가족들 덕분에 이 책은 비로소 세상에 나올 수 있었다. 이 자리를 빌려 깊이 감사드린다.

부디 이 책에 담긴 초록의 시간들이 당신의 하루로 조심스레 건너가 삶의 숨을 고르게 해주기를 바란다.

엄성욱의 반려식물 이야기 ②

| 호야와 난초의 모든 것 |

글 · 사진 엄성욱 | 4*6 배판 양장 | 값 32,000원

이 책은 내가 만난 식물과 인연에 대한 이야기다. 그 이야기가 여러분 삶에도 스며들어 각자의 아름다운 꽃이 되었으면 한다. 식물과 함께하는 삶으로 내가 위로받고 치유를 받았기에 그 좋은 경험과 삶을 독자들과 나누고 싶어 이 책을 썼다.

1권에서 희귀 관엽식물 세계를 먼저 펼쳐 보였다. 그리고 이 책에서는 호야와 죽백란, 일경구화, 동양란 속에 숨어 있는 명품 난초들, 그리고 한국춘란과 숲속에서 만난 야생 난초들까지 그 이야기를 이어가고자 한다. 저마다의 자리에서 조용히 피어나며 우리에게 말을 거는 이 식물들은 삶을 함께 나눌 동반자가 되어달라고 손짓하고 있다. 이 책이 그 손짓에 응답하는 작은 길잡이가 되어 여러분 역시 초록과 더 깊은 시간을 나누게 되기를 바란다.

지은이 **엄성욱**

중학생 때 한국춘란에 매혹된 이후 30년 넘게 난초·관엽식물·호야·죽백란·일경구화 등 수많은 반려식물과 함께 삶을 이어오고 있다. 중국과 베트남에서 26년 가까이 주재원으로 지내며 자생지의 식물들을 직접 관찰하고 수집한 경험은 그 생태와 아름다움을 온몸으로 깨닫게 해준 소중한 배움이었다.

한국인 최초로 자신의 이름을 딴 동양란 계열 심비디움과 호야 신종을 국제 학술지에 정식 등록했으며 국내외 전문가들과의 폭넓은 교류를 바탕으로 다양한 식물의 신품종 개발에도 꾸준히 힘쓰고 있다. 현재 부산난연합회 부이사장으로 활동하며 난초 문화의 저변 확대에 기여하고 있다. 또한 난초 전문지《난과 생활》에 반려식물 칼럼을 연재했으며《희귀 관엽식물 투어》(2021),《엄성욱의 반려식물 이야기 2》(2026)를 출간해 반려식물 문화 확산에도 앞장서고 있다.

한국 중견 기업의 ESG 상무이사로서 베트남 법인에서 현지 사회에 이바지한 공로를 인정받아, 2025년 산업통상자원부 장관 표창을 받았다. 이 상은 기업과 지역사회, 나아가 국가 경제 발전에 기여한 이들에게 수여되는 국가유공자에 대한 표상으로 기업 임직원이 받을 수 있는 최고 영예로 평가된다.

저자는 바쁜 직무와 해외 생활 속에서도 식물과 함께하며 배운 기쁨과 위로, 그리고 오랜 세월 쌓아온 경험을 더 많은 이들과 나누고자 이 책을 집필했다. 그의 반려식물 이야기로 독자들이 작은 숲과 같은 쉼과 영감을 얻고 자신의 일상에서도 식물과 더불어 사는 기쁨을 새롭게 발견하길 바란다.

E-mail gableum@naver.com

엄성욱의
반려식물
이야기 1

◆ 초판 | 1쇄 발행 2026년 3월 10일

◆ 지은이 | 엄성욱 ◆ 기획 | 임재성 ◆ 펴낸이 | 한승수 ◆ 펴낸곳 | 문예춘추사 ◆ 편집 | 이상실 구본영 ◆ 디자인 | 홍시 송원철 박소윤 ◆ 마케팅 | 박건원 김홍주 ◆ 등록번호 | 제300-1994-16 ◆ 등록일자 | 1994년 1월 24일 ◆ 주소 | 서울시 마포구 동교로27길 53, 지남빌딩 309호 ◆ 전화 | 02-338-0084 ◆ 팩스 | 02-338-0087 ◆ 이메일 | moonchusa@naver.com ◆ ISBN | 978-89-7604-753-3 03190

◆ 이 책에 대한 번역·출판·판매 등의 모든 권한은 문예춘추사에 있습니다. 간단한 서평을 제외하고는 문예춘추사의 서면 허락 없이 이 책의 내용을 인용·촬영·녹음·재편집하거나 전자문서 등으로 변환할 수 없습니다. ◆ 책값은 뒤표지에 있습니다. ◆ 잘못된 책은 구입처에서 교환해 드립니다.